縫紉新手 不NG の布包製作攻略

45個
紙型全收錄！

# KURAI・MUKIの
# 手作包超級基本功 ②

# 給正讀著這本書的大家

　　從2011年出版《開心玩機縫！手作包超級基本功》開始至今，收到很多的迴響。常常有機會看到讀者製作的作品，應用了各種技法，我覺得非常開心。

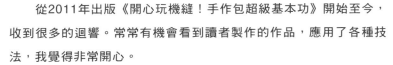

　　這一次，在發行第二本書之前，預先參考生活中哪些包款較為實用，再進行設計。當然也收錄了前一本的人氣包款，變化尺寸與款式而誕生的新設計。加入壓線、接合布料與拉鍊縫合……等元素，一邊製作一邊熟練運用這些元素的技巧。此外，附上原寸紙型，能夠省去製圖的時間，介紹更多種設計的手作包。

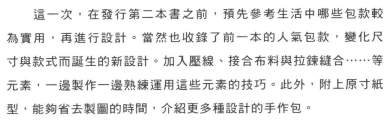

　　在思索如何能更容易製作、更方便使用的時候，產生了很多新的發現，請參考各個作品的「KURAI‧MUKI Point」、「Point Lesson」。

　　希望這本書能夠讓大家感受到手作包製作的樂趣，並成為可以長期參考的實用書籍。

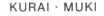

KURAI‧MUKI

# Contents

開始製作之前必讀，
製作袋物の超基礎知識…6

本書作法說明…11

# 開始製作之前必讀・製作袋物の超基礎知識

談到製作袋物，便會有準備工具、製作紙型、裁剪布料與縫合……等步驟。
在此解說必備工具、布料與縫紉前的準備工作。開始製作前，試著先確認並了解這個單元吧！

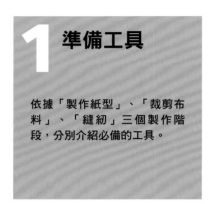

## 1 準備工具

依據「製作紙型」、「裁剪布料」、「縫紉」三個製作階段，分別介紹必備的工具。

**方格尺**
轉寫紙型的線條時使用。由於是具有方格線的尺，可以用於畫出平行縫份的線條。

**美工刀&手工藝用剪刀**
裁剪紙型時使用。

**自動鉛筆（或鉛筆）**
將原寸紙型轉寫於薄紙上時使用。使用粗度約0.7mm的筆芯，比較方便轉寫。

### ●轉寫紙型的工具

**紙**
轉寫附錄原寸紙型中的各布片時使用。使用牛皮紙或描圖紙……等較薄的紙張，能使轉寫更為便利。

**紙膠帶**
轉寫紙型時，用於固定紙張。由於是紙製品，屬於弱黏性，較不容易損壞紙型。

**圖形比例尺**
可以描繪曲線，具有圓弧設計的洋裁用尺。具有0.5cm的平行線，於紙型上描繪縫份時相當方便。

### ●裁剪布料的工具

**裁布剪刀**
專門用於裁剪布料的剪刀。長度以21cm至23cm的尺寸，操作起來較為方便。請選擇順手好剪的剪刀，使用裁布剪刀剪紙，容易使刀刃受損，所以請將裁布剪刀與手工藝用剪刀分開使用。

**裁布輪刀**
裁剪布料的時候，如果有這項工具，會更加便利。比起裁布剪刀，可以更精準快速地切割布料（請見P.9「5 裁剪布料」）。

**裁墊**
以美工刀裁切紙型，或以裁布輪刀切割布料時，鋪放於下方使用的墊子。

**珠針&針插**
珠針是用於將紙型固定在布料上時。針插可用於插放手縫針或珠針。圖中的是磁性針盒。不需要插針的動作，可使作業更方便。

### ●縫紉的工具

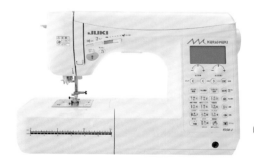

**縫紉機**
請使用可以車縫直線與Z字形車縫的機種。可調整壓腳的強度，能車縫較厚的布料為佳。此外，若附有腳踏板，會更便於車縫。

**消失筆**
於布料上描繪記號時使用，建議選用以清水可以去除記號的款式（水消）為佳。

**尖錐**
使用於拆除縫線，或是車縫布料時幫忙推送布料。

**穿帶器**
穿入束口袋的繩子或鬆緊帶時使用。

**強力夾&珠針**
對齊車縫布料時使用。圖中為強力夾，是珠針的替代品，使用於珠針難以穿刺的厚質布料，或使用珠針會留下針孔的合成皮或尼龍防水布料。

**車線&車針**
車縫專用的線款與縫針。請依據布料的厚度，變換車針及縫線。

**手縫線&手縫針**
以藏針縫縫合返口時使用。請依據布料的顏色選擇線材的粗細和顏色，也可以車縫線代替。

**熨斗&燙衣板**
摺燙縫份、熨開縫份、將布襯熨燙於布料上時使用。在製作過程中經常運用熨斗仔細燙整，能使成品的形狀更加漂亮。

**線剪**
小剪刀，剪線時很方便。

# 2 選擇布料

本單元介紹本書主要使用的布料。如果是初次製作包包的新手，建議先從容易車縫的普通棉布開始製作，待稍微上手之後，再試著挑戰各式各樣的布料吧！

## 棉布（一般厚度）
成份為100%純棉的天然材質。一般厚度的棉布，不但具有豐富的顏色和花樣，也是最容易縫紉的材質。平織的寬幅布，以床單布sheeting最具代表性。

## 雙重編花網布
成份為100%聚酯纖維，由三層網布製作而成的布料。因為其輕盈又耐用的特性，經常被用於製作運動用品或戶外用品。

## 棉布（中厚）（厚）
成份為100%純棉的天然材質。中厚度有斜紋布，厚度有帆布和丹寧布等。等到縫紉稍微上手之後，再使用厚度的布料為佳。

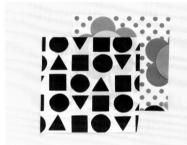

## 尼龍布（薄）
輕薄又耐用的合成纖維。本書中使用於「環保購物袋」（P.26）。

## 合成皮革（合皮）
近似於天然皮革，以樹脂加工的布料。強度很高，也比較有質感。若在縫紉過程中縫錯了，會留下針孔，車縫時，請特別留意。

## 尼龍布（中厚）
有相當的厚度，亦具有光澤感。除了本身有防水、不易髒的特性，不易起皺也是一大特點。

## 針織布
具有彈性的材質。本書的「扁平包B」（P.15），裡布就是使用具有彈性的針織布。使用針織布時，於背面熨燙布襯，若以接合布料（請見P.65的Point Lesson）製作，更能減少布料的伸縮，便於車縫。

## 華麗粗花呢布
呈現塊狀的手感，以變換不同種類的線編織而成。為了避免布邊脫線且便於作業，請於背面熨燙布襯後，再裁剪布料。

# 3 製作紙型

依照作法的「裁布圖」，從原寸紙型轉寫必要的紙型，加上指定的縫份後，再裁剪使用。

**1.** 於原寸紙型上疊放薄紙（如牛皮紙等），以紙膠帶固定四邊。只要於原寸紙型下方墊上一張白紙，即可輕易轉寫紙型線條。若有標示「摺雙」記號，請將「摺雙」記號置於紙張的中央。

**2.** 轉寫完成線。先以方格尺轉寫直線部分，圓弧處則使用圓形比例尺的圓弧仔細轉寫，記得加上合印記號啾！

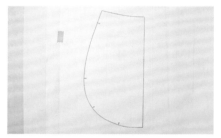

**3.** 將完成線與合印記號轉寫完成的樣子。

**4.** 一邊確認原寸紙型中布片的名稱、提把位置與口袋位置，一邊將名稱寫上轉寫完成的紙型。

**5.** 繪製縫份線。於完成線的外側，畫出裁布圖指定寬度的線條。

※請正確地畫出指定的寬度，這是非常重要的步驟啾！

**6.** 畫好縫份線的樣子。於縫份線也描繪對齊記號。依裁布圖的「摺雙」處，放上布料「摺雙」的位置，直接裁剪半邊的紙型，接著繼續進行步驟**7**。

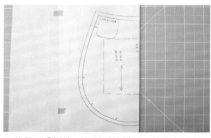

**7.** 若是以「摺雙」為對稱的紙型，於裁布圖上配置紙型時，請沿著「摺雙」的線條對摺，再以紙膠帶固定紙張邊緣。

**8.** 為了使紙張不滑動，請一邊按壓，一邊以美工刀沿著縫份線裁剪。

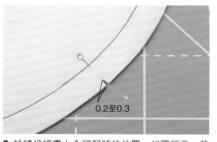

**9.** 於縫份線畫上合印記號的位置，如圖所示，裁出V字形牙口可便於辨識。

**10.** 完成加上縫份的紙型。

## KURAI・MUKI **Point**

### 厚質布料不建議以「摺雙」的方式裁剪

一般依半邊紙型的「摺雙」線條，放上布料對摺之後的摺山處，再裁剪的方法，如果用於厚質布料上，如左圖，將無法精確地裁剪。這時，請依據「摺雙」的線條對稱地畫出另一半的紙型，再置於布料上裁剪喔！

# 4 整理布紋

布紋是由直線與橫線編織而成。若使用垂直方向的布紋，可使完成的袋物不易變形。

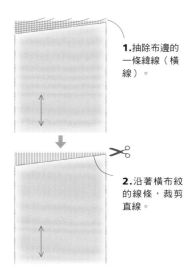

1.抽除布邊的一條緯線（橫線）。

2.沿著橫布紋的線條，裁剪直線。

3.為了讓經線（直線）與緯線（橫線）保持垂直，將布料斜向拉扯。放於裁墊上，作為基準為佳。

**沒有整理布紋的布料**
經線與緯線沒有保持垂直，呈現稍微傾斜的樣子。

**整理過布紋的布料**
經線與緯線保持垂直。

4.將布料整體以熨斗整燙。

# 5 裁剪布料

依作法的「裁布圖」，將紙型的布紋方向對齊布邊的方向，於布料上配置紙型後，再進行裁剪。

## ● 使用裁布剪刀時

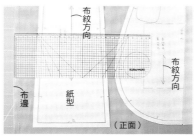

布紋方向
布紋方向
布邊
紙型
（正面）

1.將布料的正面朝上，再將布邊與紙型的布紋方向保持平行地放置上紙型。

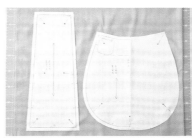

2.為了使紙型不易滑動，請以珠針固定。

3.一邊按壓著紙型，一邊沿著紙型裁剪布料。此時剪刀下方請抵著桌面，不能讓布料浮於半空中，以免導致無法精確地裁剪。

## ● 使用裁布輪刀時

1.與使用裁布剪刀的步驟**1**、步驟**2**作法相同，先於布料上固定紙型。

2.布料下方墊著裁墊，一邊壓住紙型，一邊將裁布輪刀以朝向自己的方向划動，切割布料。

KURAI · MUKI**Point**

**會留下針孔的布料
以重物壓住紙型**

使用合成皮或防水加工等布料時，容易留下針孔，因此無法使用珠針固定。
請以重物壓住紙型，再使用裁布輪刀切割。以裁布剪刀裁剪時，須注意不要讓紙型滑動，於紙型四周以粉土筆描繪形狀，再以剪刀分別裁剪每一塊布片。

# 6 製作記號

於縫份上作出「牙口」，作為合印記號。只要對齊並以固定的縫份縫合，即使不於布料的完成線上描繪記號也OK。口袋或提把的位置則還是建議於作業的途中，以粉土筆（P.6）描繪記號。

## ●剪出牙口

在布邊的合印記號位置剪出牙口。為了不使布料滑動，使用剪刀的前端，於1cm的縫份處剪出約0.3至0.5cm的牙口。請特別注意不要剪到完成線喲！

KURAI・MUKI **Point**

### 一邊對齊被作為合印記號的牙口一邊進行縫合

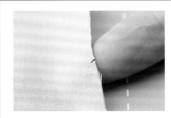

依牙口的位置，無論從布料的正面或背面，都能確認合印記號的位置。為了防止縫合時滑動，建議對齊這些牙口以珠針固定，再進行縫合。

---

# 7 熨燙布襯

於布料的背面熨燙布襯，布料看起來會更加硬挺。以熨斗的熱度融化布襯上的黏膠，確實黏貼於指定的布片上。

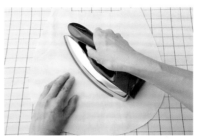

將布襯的含膠面（粗糙面）對上布料的背面，從布片的中央開始以中溫向外側按壓熨燙。將熨斗移開布襯，移動位置後再次按壓，反覆操作直到布料整體確實黏合上布襯為止。

KURAI・MUKI **Point**

### 不要滑動熨斗

若像燙衣服一樣滑動熨斗，布襯也會跟著滑動，容易導致布料歪斜。因此，正確動作是將熨斗靜止，按壓十秒，再移開熨斗至下一個位置，再次按壓，將所有布面與布襯緊密結合。布料完全冷卻之前，請勿移動布料。

※本書中有使用雙面含膠鋪棉（請見P.51）、雙面接著襯（請見P.65）、含膠樹脂襯（請見P.74），請見各別的解說。

---

# 8 開始縫紉

先依布料的厚度準備針線。因為這是達到完美車縫的基本功，所以請參考右側的表格，選擇車針與適合的車線粗細吧！

| 布料的厚度 | 布料範例 | 車針 | 車線 |
|---|---|---|---|
| 普通 | 寬幅布 被單布sheeting 亞麻布……等 | 11號 | 60號 |
| 中厚・厚 | 丹寧布 帆布 鋪棉布……等 | 14號 或 16號 | 30號 |

KURAI・MUKI **Point**

### 取得布料與針線的平衡，非常重要！

依照布料選擇車針與車線的粗細，如此一來不但能減少車縫產生的問題，還可以車縫出漂亮的縫線。

始縫處與止縫處都須以回針縫處理，可避免縫線鬆脫。先以零碼布練習，從調整縫紉機的上線和下線，開始車縫吧！

**1.** 一開始請從始縫處往前0.5cm車縫兩針。三、四針回針車縫後，再繼續往前車縫。

**2.** 於止縫處往回車縫三、四針後，再往前車縫至止縫點，剪線。

# 先了解車縫的訣竅

## ●同寬直線車縫

磁鐵導引器

### 使用磁鐵導引器的方法

於車縫的始縫處下針，沿著布邊放置磁鐵導引器。車縫時將布邊抵著磁鐵導引器，即可保持相同的縫份寬度車縫。

KURAI·MUKI **Point**

### 開始車縫即拉出上線&下線

於布料下針後，以左手將上與下線都拉著，一邊拉著，一邊開始進行車縫。如此即可車縫出漂亮的縫線。

### 使用紙膠帶的方法

於車縫的始縫處下針，沿著布邊，於縫紉機貼上紙膠帶，修剪紙膠帶後，只要貼合布邊，即能簡單地進行車縫。

紙膠帶

## ●車縫轉角的方法

**1.**於完成位置的轉角處，以粉土筆描繪記號。如此即可容易辨識轉角的車縫位置。

**2.**快到轉角前，放慢車縫速度，依記號的位置下針，將縫針扎入布料固定，提起壓布腳，轉動布料的方向，再降下壓布腳，繼續進行車縫。

## ●圓弧處的縫法

放慢車縫的速度，對齊記號後，以尖錐一邊壓住車針的前端，一邊依據車縫的方推送布料，一點一點地慢速車縫。

使用這個！

### 磁鐵導引器

內附磁鐵的導引器。可以輕易地吸附於縫紉機鐵製針板的部分。

---

## 本書「作法」頁面說明

### 材料

標記作品製作必要的材料。因為須整理布紋，所以標示的布料尺寸會多留一些彈性空間。如果作品使用的布料需要對花，可以比標記的尺寸多準備一點份量。因為沒有標記縫紉機、車線……等基本的必備工具（請見P.6），請依布料特性選用。

實際製作請一邊參考作法一邊進行。首先，依照材料欄進行準備，再依裁布圖，從原寸紙型中找出紙型，製作已外加縫份的紙型，裁剪布料，接著一邊按照插畫的步驟順序，一邊製作。請在此先了解作法的閱讀方式吧！

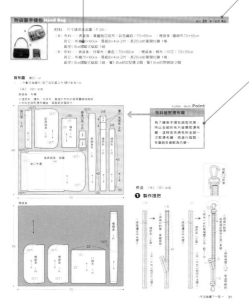

原寸紙型所在處的標示

縫份線…沿著這條線裁剪布料。

完成線…對齊縫合的位置，或是當成完成位置摺入布料。

**KURAI·MUKI Point**
針對作法的訣竅更進一步的介紹

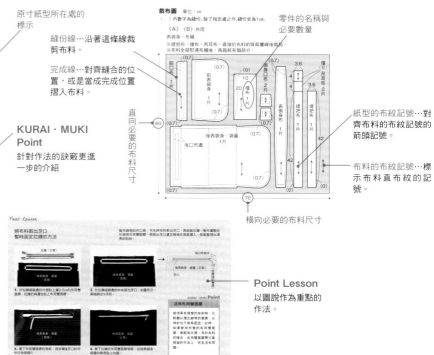

零件的名稱與必要數量

紙型的布紋記號…對齊布料的布紋記號的箭頭記號。

布料的布紋記號…標示布料直布紋的記號。

直向必要的布料尺寸

橫向必要的布料尺寸

**Point Lesson**
以圖說作為重點的作法。

# Hatome Bag

**B**

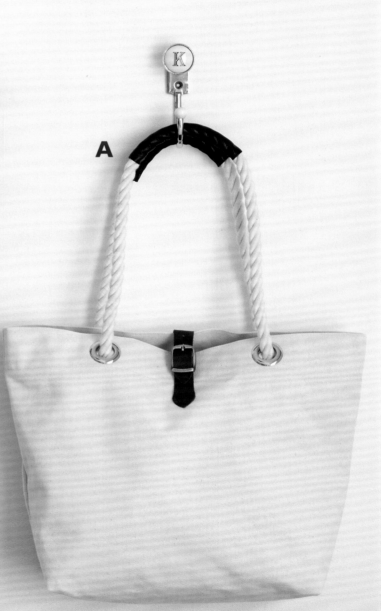

**A**

將粗棉繩提把穿過雞眼釦製作而成的
## 雞 眼 釦 包

雞眼釦是一種圓形五金零件,外型很像鳩的眼睛。
由於可以簡單組裝於帆布上,特別推薦初學者使
用。在此使用具有厚度的八號帆布,袋身僅以一片
布料完成,使雞眼釦與棉繩提把成為設計重點。袋
底設計了底角,收納力也跟著大幅提升。

Size 〈A〉寬30cm/袋底14cm/高30cm
　　　〈B〉　25cm/袋底10cm/高30cm

■作法 **P.13**

提供／A 迷你皮帶零件大、粗棉繩&皮革提把〔附四組雞眼釦〕
　　　B 粗棉繩&皮革提把〔附四組雞眼釦〕（皆為清原）

材料　尺寸請見完成圖（P.14）

〈A〉布料…8號帆布（素色）75×90cm

其他…布襯10×10cm、寬0.8cm滾邊用斜紋布條140cm、
長9cm的迷你皮帶零件、（◆ACP-12BR）棉繩&皮革提把（◆TGA-02）〈組合內容物〉直徑1.4cm的
附皮革棉繩長約87cm　2條、內徑2cm的雞眼釦五金零件　4個）

〈B〉布料…8號帆布（條紋）70×90cm

其他…布襯10×10cm、寬0.8cm滾邊用斜紋布條130cm、
繩子&皮革提把（◆TGA-01〈組合內容物〉直徑1.1cm的附皮革棉繩長約81cm　2條、
內徑2cm的雞眼釦五金零件　4個）

**裁布圖**　單位：cm

（　　）內數字為縫份。除了指定處之外，縫份皆為1cm。

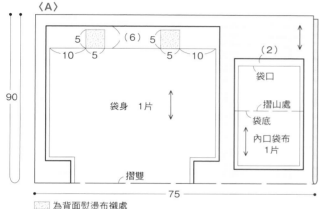

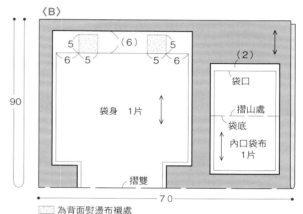

▨ 為背面熨燙布襯處

**作法**　〈A〉〈B〉共用

**❶ 製作內口袋**

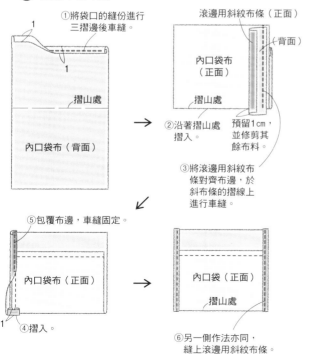

①將袋口的縫份進行三摺邊後車縫。

②沿著摺山處摺入。

③將滾邊用斜紋布條對齊布邊，於斜布條的摺線上進行車縫。

預留1cm，並修剪其餘布料。

⑤包覆布邊，車縫固定。

④摺入。

⑥另一側作法亦同，縫上滾邊用斜紋布條。

KURAI・MUKI **Point**

**對齊條紋布的正面與背面花樣後再對摺**

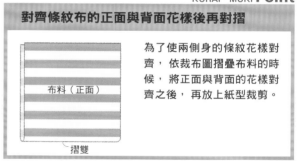

為了使兩側身的條紋花樣對齊，依裁布圖摺疊布料的時候，將正面與背面的花樣對齊之後，再放上紙型裁剪。

**❷ 縫合側身**

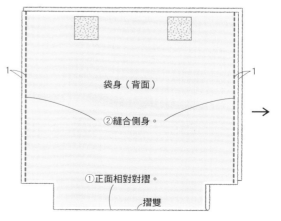

②縫合側身。

①正面相對對摺。

摺雙

作法接續下一頁→　**13**

**❸ 包縫側身，縫製底角**

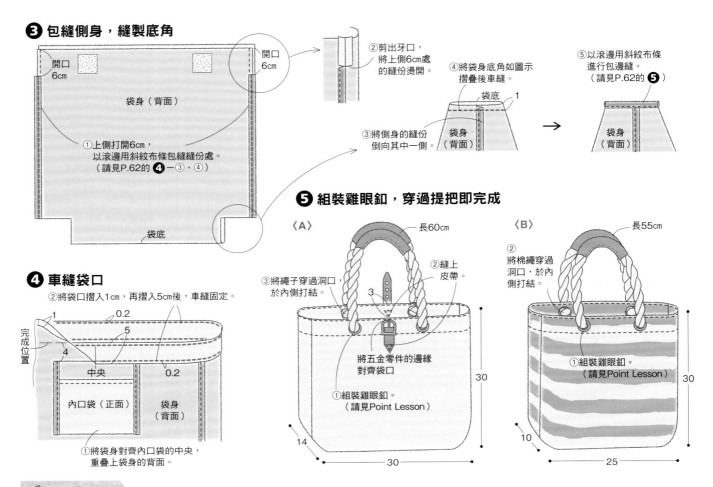

開口 6cm

開口 6cm

袋身（背面）

①上側打開6cm，
以滾邊用斜紋布條包縫縫份處。
（請見P.62的 ❹ － ③、④）

袋底

②剪出牙口，
將上側6cm處
的縫份燙開。

④將袋身底角如圖示
摺疊後車縫。

袋底 1

③將側身的縫份
倒向其中一側。

袋身
（背面）

⑤以滾邊用斜紋布條
進行包邊縫。
（請見P.62的 ❺）

袋身
（背面）

**❹ 車縫袋口**

②將袋口摺入1cm，再摺入5cm後，車縫固定。

1
0.2
完成位置
5
4
0.2
中央
內口袋（正面）
袋身（背面）

①將袋身對齊內口袋的中央，
重疊上袋身的背面。

**❺ 組裝雞眼釦，穿過提把即完成**

〈A〉

長60cm

③將繩子穿過洞口，
於內側打結。

②縫上
皮帶。

將五金零件的邊緣
對齊袋口

①組裝雞眼釦。
（請見Point Lesson）

30

14

30

〈B〉

長55cm

②
將棉繩穿過
洞口，於內
側打結。

①組裝雞眼釦。
（請見Point Lesson）

30

10

25

---

*Point Lesson*

## 雞眼釦的組裝方法

於穿繩口組裝金屬配件的雞眼釦。　雞眼釦可分為組裝於布料正面的「雞眼釦五金」與組裝於背面的
「底座五金」此兩個配件為一組。　在此使用的是不需要任何工具即可組裝的款式。

雞眼釦五金　底座五金

袋身（正面）

紙型

**1.** 為了於布料上轉寫雞眼釦組
裝處，於袋身的袋口放上紙型
對照。

**2.** 以強力夾（請見P.6）固定
紙型和袋身，以尖錐於紙型的
雞眼釦組裝處鑽出洞，再以粉
土筆畫出記號。

**3.** 移開紙型，於記號上畫出十
字線。

**4.** 將底座五金像包覆步驟**3**的
記號中心地放置，於布料上畫
出底座五金的圓。

**5.** 於十字記號處剪出牙口，再
沿著圓邊裁剪布料。

**6.** 袋身翻至背面，再將雞眼釦
五金從袋身的下側插出已完成的
圓。

**7.** 重疊上底座五金，將雞眼釦
五金的爪子沿著底座五金摺下固
定。

14

# Petanko Bag

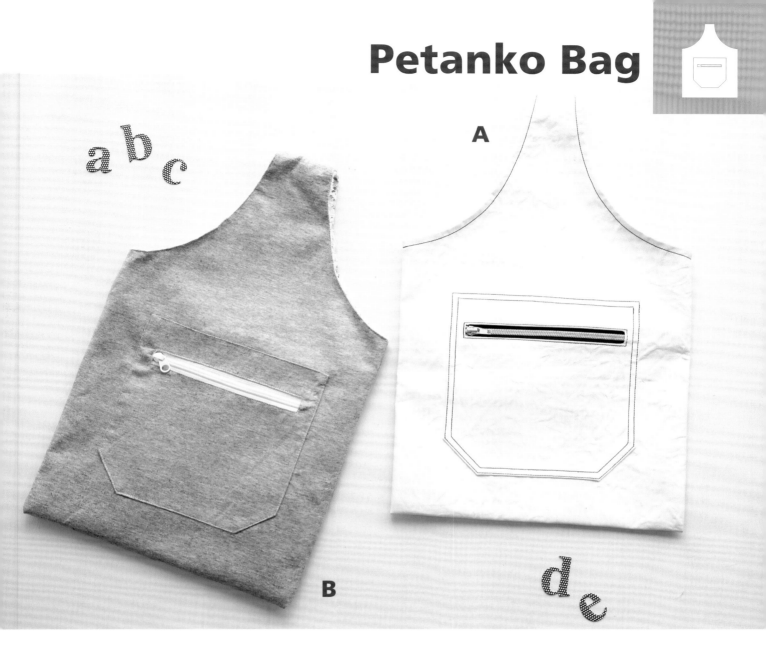

A

B

a b c

d e

單提把&小巧的

## 扁平包

單提把於前側加上拉鍊口袋設計，是款容易製作的包包。A款只使用一片合成皮製作，B款則在針織布的背面縫上蕾絲布料，以兩片布料製作而成。由於合成皮的布邊不容易脫線，即使不特別處理，也能形成一種設計的趣味。

Size　寬32cm／長48.5cm

■作法 **P.16**

B款的裡袋使用蕾絲布料，成為雙面皆可使用的設計。

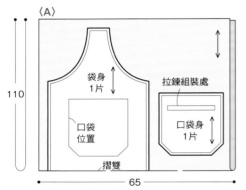

材料　尺寸請見完成圖

〈A〉=布料…合成皮革（素色）65×110cm
　　　其他…布襯19×3.5cm、長16cm的單開拉鍊或是樹脂拉鍊*
〈B〉布料…〔表袋身〕針織布（素色）110×60cm　〔裡袋身〕蕾絲布80×60cm
　　　其他…布襯19×3.5cm、長16cm的單開拉鍊或樹脂拉鍊*

*請見P.67的KURAI・MUKI Point

## 裁布圖　單位：cm
縫份皆為1cm

〈A〉

110

袋身
1片

拉鍊組裝處

口袋
位置

口袋身
1片

摺雙

65

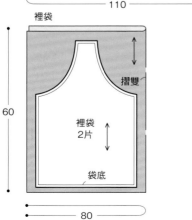

〈B〉　表袋

摺雙

60

表袋
2片

口袋
位置

拉鍊
組裝處

口袋布
1片

袋底

110

裡袋

摺雙

60

裡袋
2片

袋底

80

## 作法　〈A〉

### ❶ 製作口袋並組裝

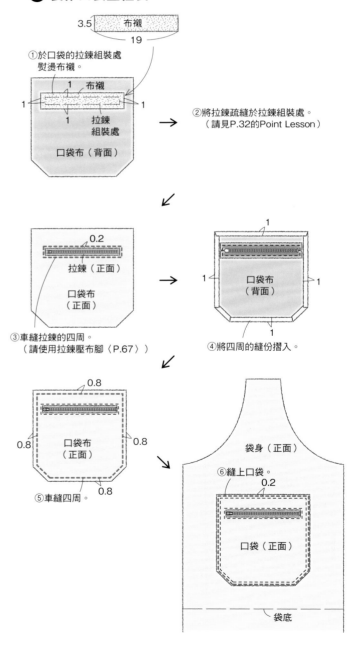

3.5　布襯
19

①於口袋的拉鍊組裝處熨燙布襯。

1　布襯
1
1　　　　　　　1
1
拉鍊
組裝處
口袋布（背面）

②將拉鍊疏縫於拉鍊組裝處。
（請見P.32的Point Lesson）

0.2
拉鍊（正面）
口袋布
（正面）

1
1　　　　　　　1
口袋布
（背面）
1

③車縫拉鍊的四周。
（請使用拉鍊壓布腳〈P.67〉）

④將四周的縫份摺入。

0.8
0.8　口袋布　0.8
（正面）
0.8

⑤車縫四周。

袋身（正面）

⑥縫上口袋。
0.2

口袋（正面）

袋底

## ❹ 車縫提把及兩側

③車縫提把的上部，
並燙開縫份。

（正面）
0.8
④車縫。
（正面）

袋身（背面）

1　　　　　1

摺雙
②車縫兩側。
①正面相對對摺。

## ❺ 車縫袋口即完成

將袋口的縫份摺入後
車縫固定

0.8　0.8　　1

48.5

32

作法　〈B〉

## ❶ 製作口袋並車縫固定
（請見P.16的❶除了⑤之外。）

## ❷ 車縫提把的上端

1

表袋身
（正面）

①將表袋身正面
相對對齊，並
車縫固定。

表袋身（背面）

②裡袋身作法亦同。

## ❸ 車縫提把的兩側

③將布邊往中間放入，
翻至正面。

表袋身（正面）

裡袋身（背面）

②於圓弧處的縫份剪出牙口。

1

①將表袋身與裡袋身正面相對對齊，
並車縫固定。

表袋身（正面）

## ❹ 分別車縫表、裡袋身的側身與袋底

☆
♡

表袋身（背面）

裡袋身（正面）

①將☆與★、♡與♥
分別對齊後，再將
表、裡袋身各自正
面相對對齊。

裡袋身（正面）

表袋身（背面）

♥　　　　　★

②預留返口，
車縫側身與袋底。

1　　　　　　1

1

表袋身（背面）

表袋身（正面）

裡袋身（正面）

裡袋身（背面）

返口15cm

☆
③由返口翻至正面，
將返口以藏針縫（見P.21）
縫合。
★

## ❺ 車縫袋口即完成

翻至表袋
再車縫袋口

0.2　0.2

48.5

32

# Balloon Bag

可愛圓形的

## 氣球包

像氣球一樣很可愛，具有高度收納力的包包。A款使用尼龍織帶當成提把，環繞袋身車縫成為包包的重點。由於背帶的設計較長，可以肩背使用。B款則整體比A款小一點，並縫上市售的皮革提把。

Size 〈A〉寬38cm／側身20cm／高35cm
　　　〈B〉寬29cm／側身15cm／高27.5cm

■作法 **P.19**

A

B

氣球包　**Balloon Bag**

**材料**　尺寸請見完成圖（P.21）

〈A〉布料…〔表袋身〕棉布（印花）90×90cm

〔裡袋身〕棉布（素色）90×90cm

其他…布襯90×90cm、寬2.5cm的尼龍織帶160cm　2條

〈B〉布料…〔表袋身〕防水加工布（素色）110×50cm

〔裡袋身〕棉布（素色）110×60cm

其他…長約40cm的皮革提把1組（◎YAS-4521）

**裁布圖**　單位：cm

（　）內數字為縫份。除了指定處之外，縫份皆為1cm。

表袋身、布襯

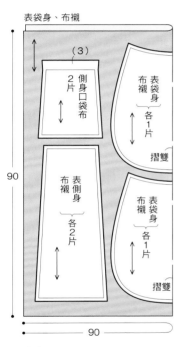

〈B〉 ※作法 P.21

表袋身

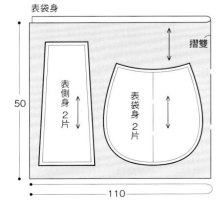

裡袋身

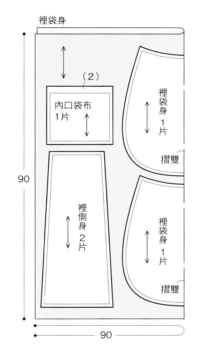

裡袋身

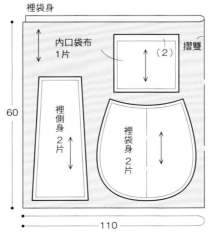

**作法〈A〉**

**❶ 熨燙布襯**

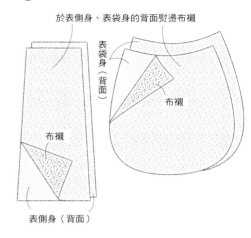

於表側身、表袋身的背面熨燙布襯

**❷ 將側身口袋固定於表側身**

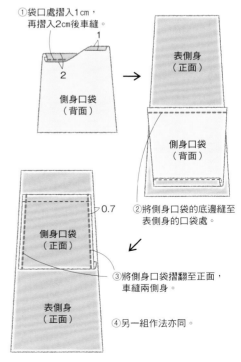

①袋口處摺入1cm，再摺入2cm後車縫。

②將側身口袋的底邊縫至表側身的口袋處。

③將側身口袋摺翻至正面，車縫兩側身。

④另一組作法亦同。

## ❸ 車縫側身的底邊

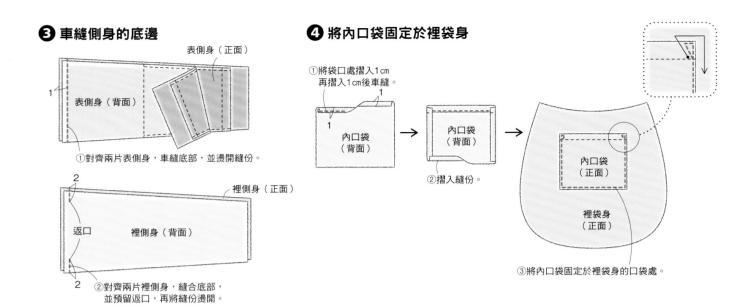

表側身（正面）

1 表側身（背面）

①對齊兩片表側身，車縫底部，並燙開縫份。

裡側身（正面）

2 2

返口 裡側身（背面）

②對齊兩片裡側身，縫合底部，並預留返口，再將縫份燙開。

## ❹ 將內口袋固定於裡袋身

①將袋口處摺入1cm再摺入1cm後車縫。

1 內口袋（背面） 1

內口袋（背面）

②摺入縫份。

內口袋（正面）

裡袋身（正面）

③將內口袋固定於裡袋身的口袋處。

## ❺ 組裝側身及袋身

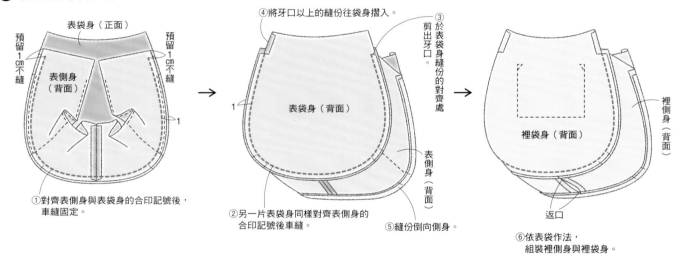

表袋身（正面）

預留1cm不縫 預留1cm不縫

表側身（背面）

1 1

①對齊表側身與表袋身的合印記號後，車縫固定。

④將牙口以上的縫份往袋身摺入。

③於表袋身縫份的對齊處剪出牙口。

1 表袋身（背面）

②另一片表袋身同樣對齊表側身的合印記號後車縫。

表側身（背面）

⑤縫份倒向側身。

裡側身（背面）

裡袋身（背面）

返口

⑥依表袋作法，組裝裡側身與裡袋身。

## ❻ 將提把縫於表袋

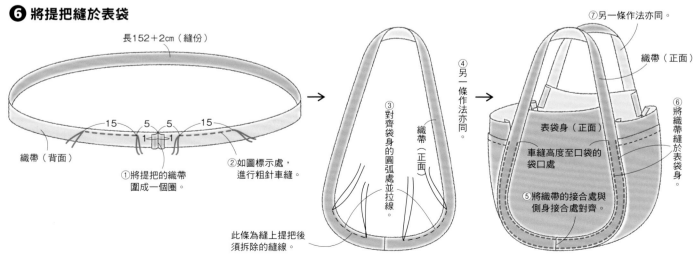

長152＋2cm（縫份）

織帶（背面）

15 5 5 15

1 1

①將提把的織帶圍成一個圈。

②如圖標示處，進行粗針車縫。

③對齊袋身的圓弧處並拉線。

織帶（正面）

此條為縫上提把後須拆除的縫線。

④另一條作法亦同。

⑦另一條作法亦同。

織帶（正面）

表袋身（正面）

車縫高度至口袋的袋口處

⑤將織帶的接合處與側身接合處對齊。

⑥將織帶縫於表袋身。

## ❼ 對齊表袋及裡袋後車縫

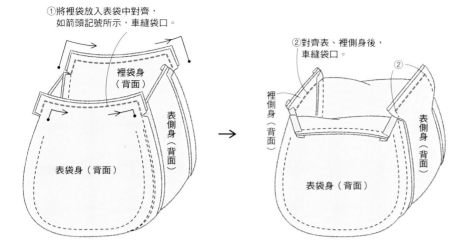

①將裡袋放入表袋中對齊，
　如箭頭記號所示，車縫袋口。

裡袋身（背面）

表側身（背面）

表袋身（背面）

②對齊表、裡側身後，
　車縫袋口。

②

裡側身（背面）

表側身（背面）

表袋身（背面）

## ❽ 翻至正面縫合

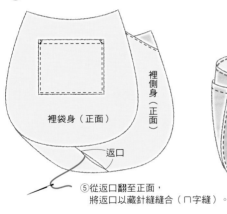

裡袋身（正面）

裡側身（正面）

返口

⑤從返口翻至正面，
　將返口以藏針縫縫合（∩字縫）。

### 藏針縫

（正面）

0.3

（正面）

①於縫份的
　摺山處入針。

②從另一片布的
　縫份摺山處
　正面入針。

③再穿出摺山處。

④一邊縫一邊拉線，
　將布料之間的縫隙
　藏起來。

## ❾ 車縫袋口

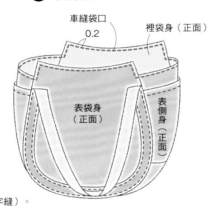

車縫袋口
0.2

裡袋身（正面）

表袋身（正面）

表側身（正面）

## ❿ 縫上提把即完成

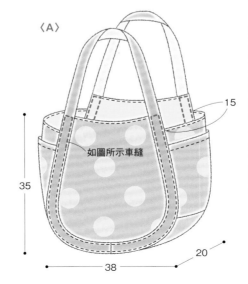

〈A〉

如圖所示車縫

15

35

20

38

---

作法　〈B〉

## ❶ 〈A〉與的❸至❺、❼至❾車縫作法相同

## ❷ 組裝提把即完成

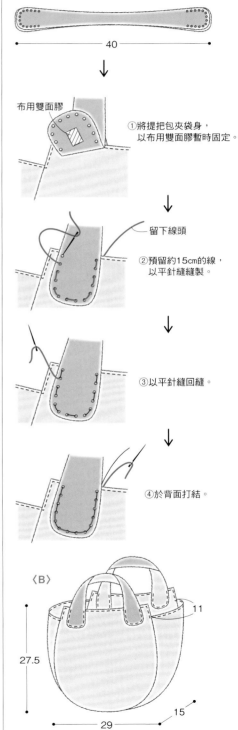

40

布用雙面膠

①將提把包夾袋身，
　以布用雙面膠暫時固定。

留下線頭

②預留約15cm的線，
　以平針縫縫製。

③以平針縫回縫。

④於背面打結。

〈B〉

11

27.5

29

15

21

# Sports Bag

有三種尺寸可以選擇的

## 保齡球包

使用被稱為「雙重編花網布」的布料製作而成。特別推薦用於製作輕盈又耐用的運動款包包的材質。由於布邊不容易脫線，初學者也很容易車縫是其一大特色。包包邊緣的滾邊條，當然是成為重點特色的元素，也更能展現圓弧形的漂亮效果。

Size 〈大〉寬49cm／側身17cm／高26.5cm
〈中〉寬35cm／側身13cm／高19cm
〈小〉寬24cm／側身8cm／高13cm

■作法 **P.23**

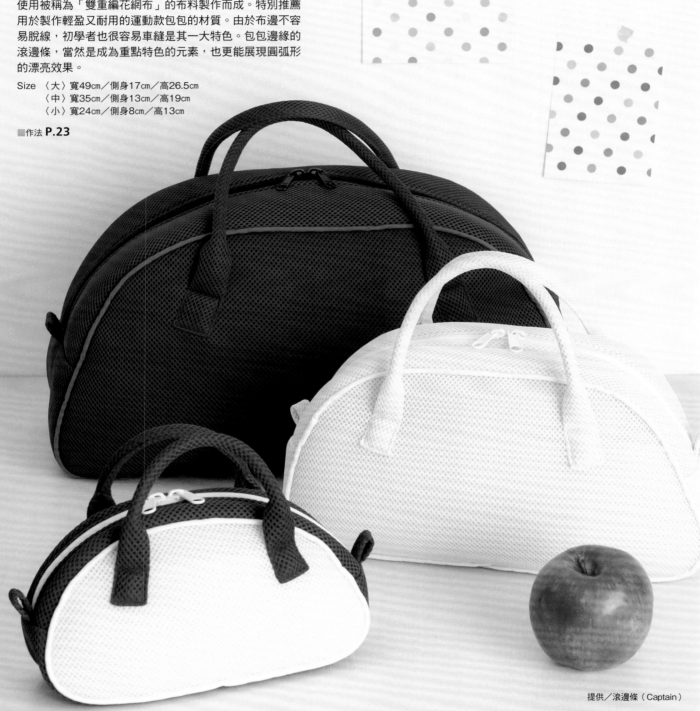

提供／滾邊條（Captain）

## 保齡球包　**Sports Bag**

大
中
小

材料　尺寸請見完成圖（P.25）

〈大〉布料…雙重編花網布（素色）110×130cm
　　　　其他…長60cm的雙開拉鍊1條、直徑0.5cm的滾邊條270cm
　　　　　　　寬0.8cm的滾邊用斜紋布條430cm、直徑1cm的棉繩84cm

〈中〉布料…雙重編花網布（素色）100×70cm
　　　　其他…長40cm的雙開拉鍊1條、直徑0.5cm的滾邊條190cm
　　　　　　　寬0.8cm的滾邊用斜紋布條250cm、直徑1cm的棉繩60cm

〈小〉布料…雙重編花網布（素色・米色）90×20cm　（素色・藍色）70×40cm
　　　　其他…長30cm的雙開拉鍊1條、直徑0.5cm的滾邊條140cm
　　　　　　　寬0.8cm的滾邊用斜紋布條170cm、直徑1cm的棉繩34cm

**裁布圖**　單位：cm

（　）內數字為縫份。除了指定處之外，皆為1cm

※提把布、擋布，請直接於布料的背面畫線後裁剪。

〈大〉

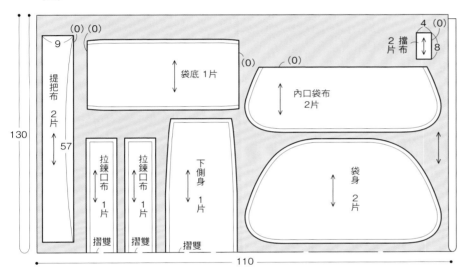

〈中〉

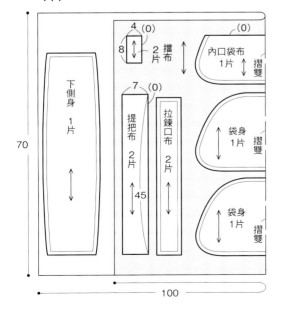

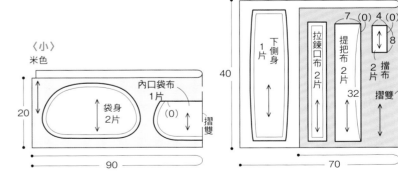

作法接續下一頁→　**23**

作法 〈大〉〈中〉〈小〉共用

**❶ 將拉鍊組裝至拉鍊口布**　步驟①至③請使用拉鍊壓布腳（P.67）

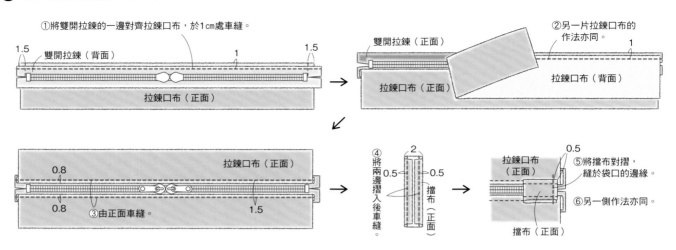

①將雙開拉鍊的一邊對齊拉鍊口布，於1cm處車縫。

1.5　　雙開拉鍊（背面）　　1　　1.5

雙開拉鍊（正面）

②另一片拉鍊口布的作法亦同。

拉鍊口布（正面）　　拉鍊口布（背面）　1

拉鍊口布（正面）

拉鍊口布（正面）

0.8　　0.8　③由正面車縫。　　1.5

④將兩邊摺入後車縫。

2　　0.5　　0.5

擋布（正面）

拉鍊口布（正面）　　0.5

⑤將擋布對摺，縫於袋口的邊緣。

⑥另一側作法亦同。

擋布（正面）

**❷ 組裝袋底及側身** 僅〈大〉款

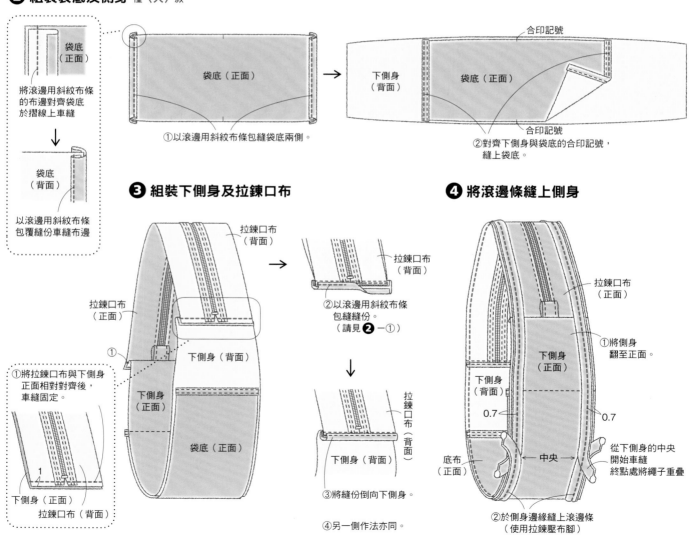

袋底（正面）

將滾邊用斜紋布條的布邊對齊袋底於摺線上車縫

↓

袋底（背面）

以滾邊用斜紋布條包覆縫份車縫布邊

袋底（正面）

①以滾邊用斜紋布條包縫袋底兩側。

合印記號

下側身（背面）　　袋底（正面）

合印記號

②對齊下側身與袋底的合印記號，縫上袋底。

**❸ 組裝下側身及拉鍊口布**

拉鍊口布（背面）

拉鍊口布（正面）

①

①將拉鍊口布與下側身正面相對對齊後，車縫固定。

1

下側身（正面）
拉鍊口布（背面）

下側身（背面）

下側身（正面）

袋底（正面）

拉鍊口布（背面）

②以滾邊用斜紋布條包縫縫份。（請見❷-①）

↓

拉鍊口布（背面）

下側身（背面）

③將縫份倒向下側身。

④另一側作法亦同。

**❹ 將滾邊條縫上側身**

拉鍊口布（正面）

①將側身翻至正面。

下側身（正面）

下側身（背面）

0.7　　0.7

底布（正面）　　中央

從下側身的中央開始車縫終點處將繩子重疊

②於側身邊緣縫上滾邊條（使用拉鍊壓布腳）

24

**❺ 將內口袋縫上袋身**

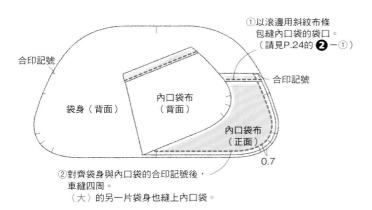

①以滾邊用斜紋布條
包縫內口袋的袋口。
（請見P.24的 ❷ －①）

合印記號

合印記號

袋身（背面）

內口袋布
（背面）

內口袋布
（正面）

0.7

②對齊袋身與內口袋的合印記號後，
車縫四周。
〈大〉的另一片袋身也縫上內口袋。

**❻ 組裝側身及袋身**

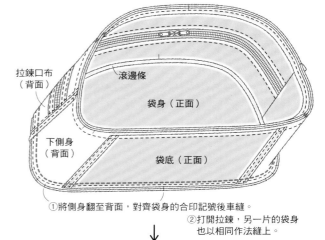

拉鍊口布
（背面）

滾邊條

袋身（正面）

下側身
（背面）

袋底（正面）

①將側身翻至背面，對齊袋身的合印記號後車縫。

②打開拉鍊，另一片的袋身
也以相同作法縫上。

③將滾邊用斜紋布條對齊縫份的邊緣，
於摺線上車縫。

拉鍊口布
（背面）

袋身（背面）

0.8

滾邊用斜紋布條（背面）

內口袋
（正面）

下側身
（背面）

袋底（正面）

④以滾邊用斜紋布條
包覆縫份後車縫。

將滾邊用斜紋布條
重疊1cm

**❼ 製作提把**

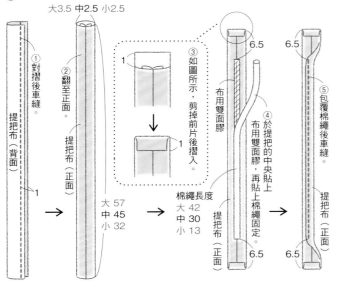

大3.5 中2.5 小2.5

①對摺後車縫。

提把布（背面）

1

②翻至正面。

提把布（正面）

1

③如圖所示，剪掉前片後摺入。

④於提把的中央貼上布用雙面膠，再貼上棉繩固定。

布用雙面膠

提把布（正面）

6.5    6.5

6.5    6.5

⑤包覆棉繩後車縫。

提把布（正面）

⑥另一片作法亦同。

大 57
中 45
小 32

棉繩長度
大 42
中 30
小 13

**❽ 縫上提把即完成**

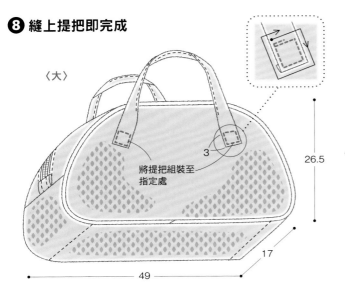

〈大〉

3

將提把組裝至指定處

26.5

17

49

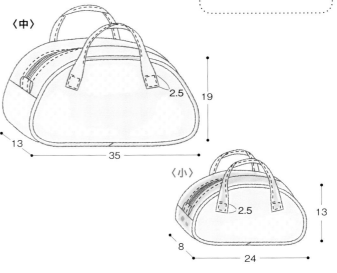

〈中〉

2.5

19

13

35

〈小〉

2.5

13

8

24

# Eco Bag

A

B

將包包的邊角作成三角形的束口袋，在此則收納成圓球狀。 設計成飯糰的形狀，非常獨特！

提供／B：粗滾邊用斜紋布條（Captain）

收納後的形狀很可愛！

## 飯糰 & 滾邊
## 環保購物袋

在現代被視為生活必需品的環保購物袋，以輕薄又耐用的薄尼龍布製作而成。A款是將環保購物袋捲成圓形放入束口袋部分，以繩子束緊。B款則是摺入內口袋的收納型款式。以斜紋布製作的滾邊，是本作品的重點特色喔！

Size 寬38cm／長56cm

■作法 **P.27**

### B款的收納摺疊方法

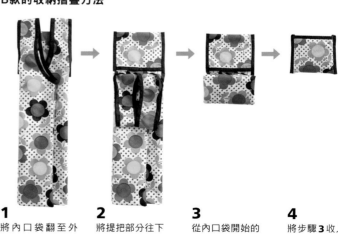

**1**
將內口袋翻至外側，再將袋子的兩側往中央摺入。

**2**
將提把部分往下側摺入。

**3**
從內口袋開始的下側，對摺再對摺。

**4**
將步驟 **3** 收入內口袋。

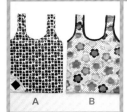

A B

## 材料　尺寸請見完成圖（P.28）

〈A〉布料…〔袋身〕尼龍布（印花）110×130cm
　　　　　〔裝飾布〕棉布（素色・黑色）20×10cm
　　　　　〔收納袋布〕棉布（素色・白色）40×30cm
　　　　其他…直徑0.3cm的棉繩60cm
〈B〉布料…尼龍布（印花）110×65cm
　　　　其他…寬1.1cm的滾邊用斜紋布條270cm

**裁布圖**　單位：cm
（　）內數字為縫份。除指定處以外，皆為1cm

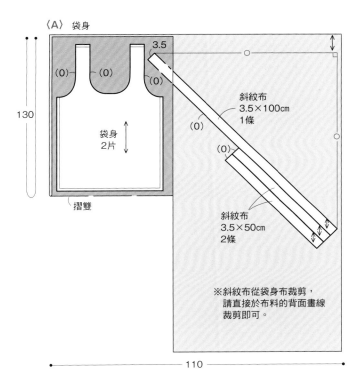

〈A〉袋身

3.5

(0) (0) (0)

130

(0)

袋身
2片

(0)

摺雙

斜紋布
3.5×100cm
1條

斜紋布
3.5×50cm
2條

※斜紋布從袋身布裁剪，
請直接於布料的背面畫線
裁剪即可。

110

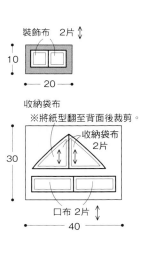

裝飾布　2片

10

20

收納袋布

※將紙型翻至背面後裁剪。

收納袋布
2片

30

口布　2片

40

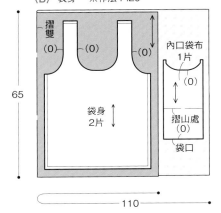

〈B〉袋身　※作法 P.29

摺雙

(0) (0) (0)

65

袋身
2片

內口袋布
1片

(0)

摺山處
(0)

袋口

110

### 薄尼龍布不需要處理布邊

袋身
（背面）

側身

由於薄尼龍布的布邊不容
易脫線，Z字形車縫等縫
份處理就不是必須的。為
增加耐用度與增添設計重
點，僅於提把處以滾邊用
斜紋布條包邊。

作法接續下一頁→　**27**

作法 〈A〉

**❶ 將裝飾布縫於收納袋布**

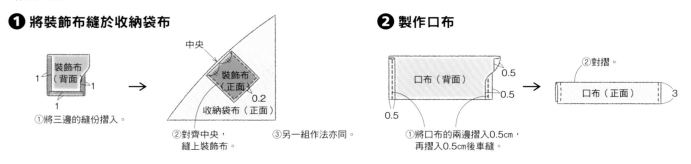

裝飾布（背面）

1

1

1

①將三邊的縫份摺入。

中央

裝飾布（正面）

0.2

收納袋布（正面）

②對齊中央，縫上裝飾布。

③另一組作法亦同。

**❷ 製作口布**

口布（背面）

0.5

0.5

0.5

①將口布的兩邊摺入0.5cm，再摺入0.5cm後車縫。

②對摺。

口布（正面）

3

**❸ 將收納袋布及口布固定於袋身**

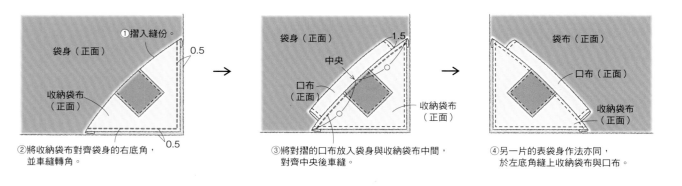

①摺入縫份。

袋身（正面）

0.5

收納袋布（正面）

0.5

②將收納袋布對齊袋身的右底角，並車縫轉角。

袋身（正面）

1.5

中央

口布（正面）

收納袋布（正面）

③將對摺的口布放入袋身與收納袋布中間，對齊中央後車縫。

袋布（正面）

口布（正面）

收納袋布（正面）

④另一片的表袋身作法亦同，於左底角縫上收納袋布與口布。

**❹ 製作袋身**

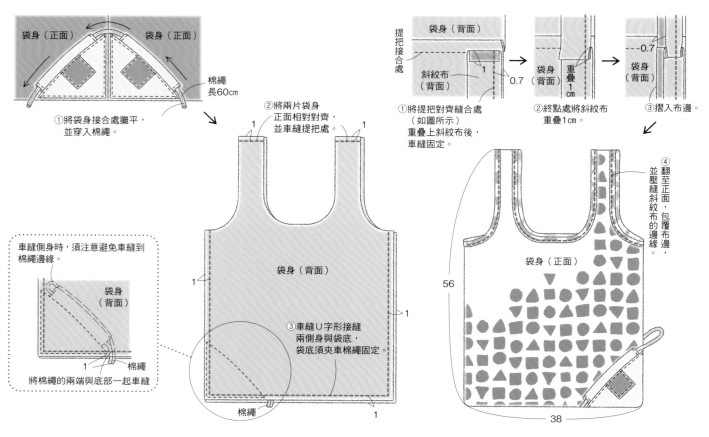

袋身（正面）　袋身（正面）

棉繩長60cm

①將袋身接合處攤平，並穿入棉繩。

車縫側身時，須注意避免車縫到棉繩邊緣。

袋身（背面）

1

棉繩

將棉繩的兩端與底部一起車縫

②將兩片袋身正面相對對齊，並車縫提把處。

1

1

1

1

袋身（背面）

③車縫U字形接縫兩側身與袋底，袋底須夾車棉繩固定。

棉繩

1

**❺ 以斜紋布包縫布邊即完成**

袋身（背面）

提把接合處

斜紋布（背面）

1

0.7

①將提把對齊縫合處（如圖所示）重疊上斜紋布後，車縫固定。

袋身（背面）

重疊1cm

②終點處將斜紋布重疊1cm。

袋身（背面）

-0.7

③摺入布邊。

④翻至正面，包覆布邊，並壓縫斜紋布的邊緣。

袋身（正面）

56

38

作法 〈B〉

# ❶ 製作內口袋

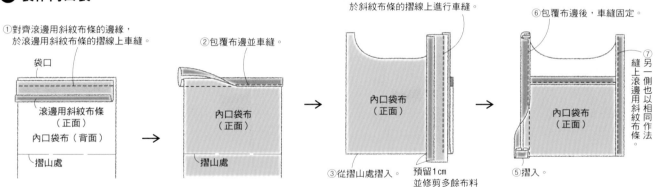

①對齊滾邊用斜紋布條的邊緣，於滾邊用斜紋布條的摺線上車縫。

袋口
滾邊用斜紋布條（正面）
內口袋布（背面）
摺山處

②包覆布邊並車縫。

內口袋布（正面）
摺山處

④對齊滾邊用斜紋布條的邊緣，於斜紋布條的摺線上進行車縫。

內口袋布（正面）
③從摺山處摺入。
預留1cm並修剪多餘布料

⑥包覆布邊後，車縫固定。

內口袋布（正面）
⑤摺入。
⑦另一側也以相同作法縫上滾邊用斜紋布條。

# ❷ 製作袋身

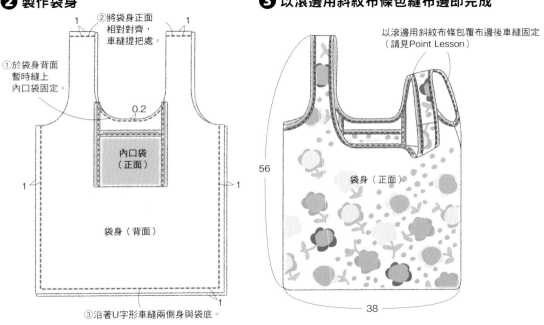

①於袋身背面暫時縫上內口袋固定。

②將袋身正面相對對齊，車縫提把處。

0.2

內口袋（正面）

袋身（背面）

③沿著U字形車縫兩側身與袋底。

# ❸ 以滾邊用斜紋布條包縫布邊即完成

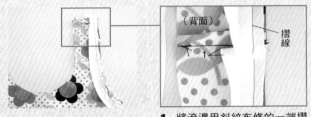

以滾邊用斜紋布條包覆布邊後車縫固定（請見Point Lesson）

56

袋身（正面）

38

*Point Lesson*

## 以滾邊用斜紋布條包縫布邊

市售的滾邊用斜紋布條，已有現成摺線。於此摺線上車縫，作業可以更加方便。

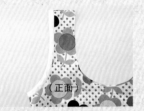

（背面）
摺線
1

1. 將滾邊用斜紋布條的一端摺入1cm，置於提把的上部接合處背面。將布邊對齊滾邊用斜紋布條的邊緣，於斜布條的摺線上車縫。終點與起點須重疊1cm。

（正面）

2. 包覆縫份，將袋身翻至正面，由距離斜布條邊緣0.2cm處的內側進行壓縫。

# Hand Bag

兼具時尚感與高級質感設計的
## 附袋蓋手提包

為了創造俐落的形狀，先將布料背面全部熨燙布襯。
這款包包屬於正統作法，因此，作法難度也稍高，等
袋物製作上手後，不妨挑戰看看吧！A款使用彩色的
粗花呢布製作，B款則是於丹寧布上壓線。

Size　寬25.5cm／側身4cm／高13.5cm

■作法 **P.31**

A

B

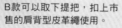

B款可以取下提把，扣上市
售的肩背型皮革繩使用。

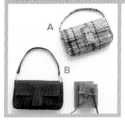

# 附袋蓋手提包 Hand Bag

**材料** 尺寸請見完成圖（P.34）

〈A〉布料…〔表袋身〕華麗粗花呢布（彩色織紋）70×60cm 〔裡袋身〕羅緞布70×55cm
其他…布襯70×60cm、厚紙8×4cm 2片、長20cm的單開拉鍊 1條
直徑1.8cm摺腳式磁釦 1組

〈B〉布料…〔表袋身〕丹寧布（素色）70×60cm 〔裡袋身〕棉布（印花）70×55cm
其他…布襯70×60cm、厚紙8×4cm 2片、長20cm的單開拉鍊 1條
直徑1.8cm摺腳式磁釦 1組、寬1.8cm的D型環 2個、寬1.8cm的問號鉤 2個

**裁布圖** 單位：cm

（ ）內數字為縫份。除了指定處之外，縫份皆為1cm。

〈A〉〈B〉共用

表袋身·布襯

※提把布、擋布、吊耳布，直接於布料的背面畫線後裁剪。
※布料全部熨燙布襯後，再裁剪各個部分。

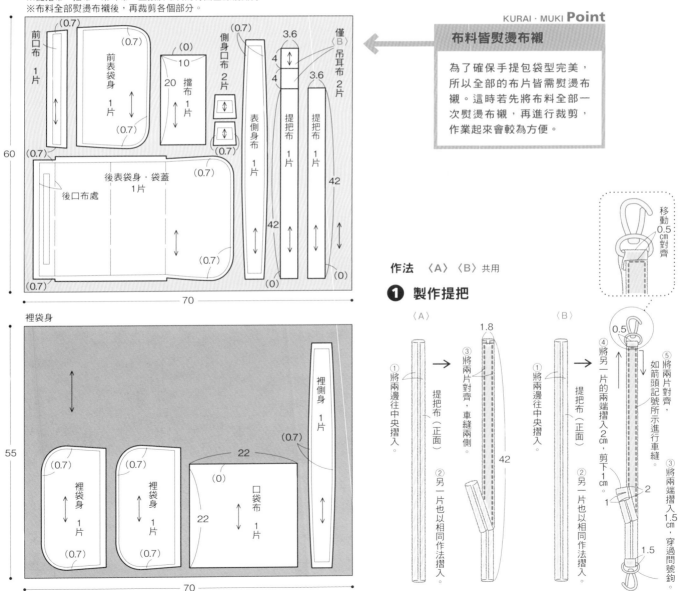

KURAI·MUKI **Point**

**布料皆熨燙布襯**

為了確保手提包袋型完美，所以全部的布片皆需熨燙布襯。這時若先將布料全部一次熨燙布襯，再進行裁剪，作業起來會較為方便。

**作法** 〈A〉〈B〉共用

❶ **製作提把**

**❷ 製作擋布**

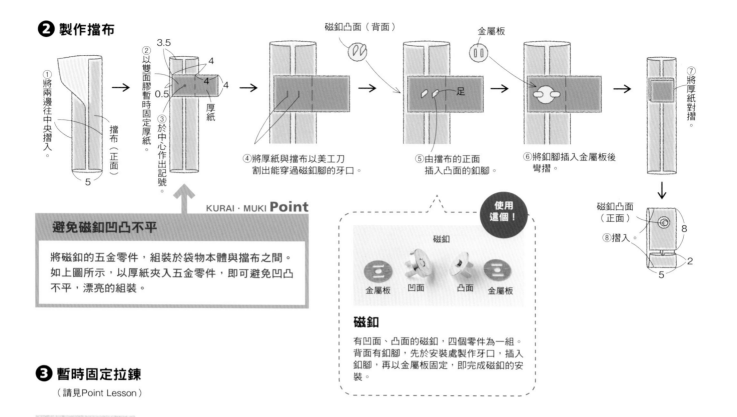

① 將兩邊往中央摺入。

擋布（正面）

5

② 以雙面膠暫時固定厚紙。

③ 於中心作出記號。

3.5
4
4
0.5
4
厚紙

④ 將厚紙與擋布以美工刀割出能穿過磁釦腳的牙口。

磁釦凸面（背面）

⑤ 由擋布的正面插入凸面的釦腳。

足

金屬板

⑥ 將釦腳插入金屬板後彎摺。

⑦ 將厚紙對摺。

磁釦凸面（正面）

⑧ 摺入。

8
2
5

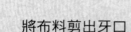

**KURAI・MUKI Point**

### 避免磁釦凹凸不平

將磁釦的五金零件，組裝於袋物本體與擋布之間。如上圖所示，以厚紙夾入五金零件，即可避免凹凸不平，漂亮的組裝。

**使用這個！**

磁釦

金屬板　凹面　凸面　金屬板

### 磁釦

有凹面、凸面的磁釦，四個零件為一組。背面有釦腳，先於安裝處製作牙口，插入釦腳，再以金屬板固定，即完成磁釦的安裝。

**❸ 暫時固定拉鍊**

（請見Point Lesson）

*Point Lesson*

### 將布料剪出牙口
### 暫時固定拉鍊的方法

製作袋物的內口袋，可先將布料剪出牙口，再組裝拉鍊。製作重點在於使用布用雙面膠，將剪出牙口處正確地往背面摺入，即能整理出漂亮的形狀。

拉鍊（正面）

後表袋身・袋蓋（背面）

**1.** 於拉鍊組裝處的外側貼上寬0.5cm的布用雙面膠。拉鍊的兩邊也貼上布用雙面膠。

後表袋身・袋蓋（背面）

後口布部分

後表袋身・袋蓋（正面）

牙口

1.2（拉鍊頭的寬度）

**2.** 於拉鍊組裝處的中央剪出牙口，如圖所示，兩端剪出V字形。

後表袋身・袋蓋（背面）

**3.** 撕下布用雙面膠的背紙，將步驟**2**牙口的布料往背面摺入。

後表袋身・袋蓋（正面）

**4.** 撕下拉鍊的布用雙面膠背紙，從後表袋身・袋蓋的背面貼上拉鍊。

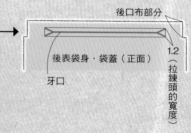

**KURAI・MUKI Point**

### 活用布用雙面膠

使用具有厚度的布料時，比較難以摺出細窄的寬度，以珠針也不容易固定。此時，若使用市售的布用雙面膠，會較為方便。用於布料的接合，布用雙面膠帶可直接留於作品上，完全沒有問題。

## ❹ 縫上拉鍊及口袋布

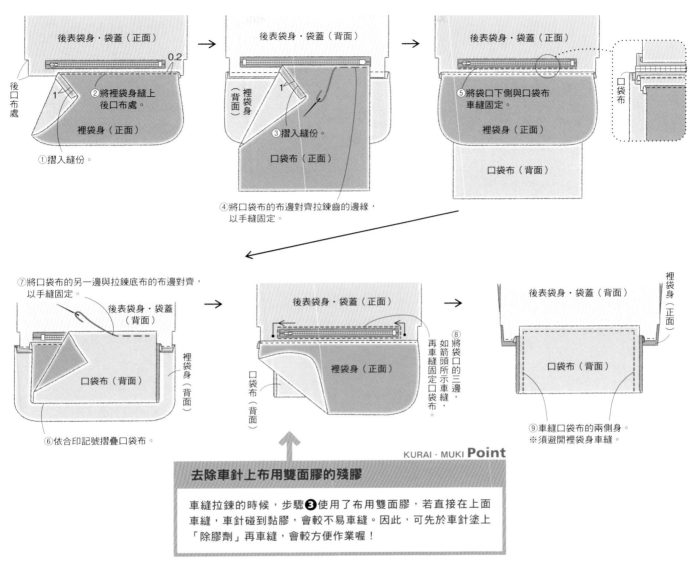

後表袋身・袋蓋（正面）

後口布處

0.2

②將裡袋身縫上後口布處。

1

①摺入縫份。

裡袋身（正面）

→

後表袋身・袋蓋（背面）

裡袋身（背面）

1

③摺入縫份。

口袋布（正面）

④將口袋布的布邊對齊拉鍊齒的邊緣，以手縫固定。

→

後表袋身・袋蓋（正面）

⑤將袋口下側與口袋布車縫固定。

裡袋身（正面）

口袋布（背面）

口袋布

⑦將口袋布的另一邊與拉鍊底布的布邊對齊，以手縫固定。

後表袋身・袋蓋（背面）

口袋布（背面）

裡袋身（背面）

⑥依合印記號摺疊口袋布。

→

後表袋身・袋蓋（正面）

裡袋身（正面）

⑧將袋口的三邊，如箭頭所示車縫，再車縫固定口袋布。

口袋布（背面）

→

後表袋身・袋蓋（背面）

裡袋身（正面）

口袋布（背面）

⑨車縫口袋布的兩側身。
※須避開裡袋身車縫。

KURAI・MUKI **Point**

**去除車針上布用雙面膠的殘膠**

車縫拉鍊的時候，步驟❸使用了布用雙面膠，若直接在上面車縫，車針碰到黏膠，會較不易車縫。因此，可先於車針塗上「除膠劑」再車縫，會較方便作業喔！

## ❺ 將磁釦組裝於前表袋身

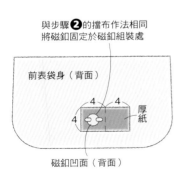

與步驟❷的擋布作法相同將磁釦固定於磁釦組裝處

前表袋身（背面）

4  4

4

磁釦凹面（背面）

厚紙

## ❻ 縫上口布

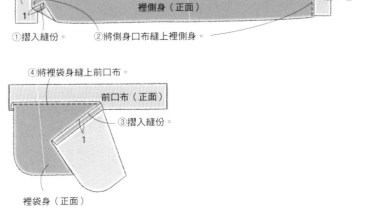

側身口布（正面）

裡側身（正面）

側身口布（正面）

①

1

①摺入縫份。

②將側身口布縫上裡側身。

④將裡袋身縫上前口布。

前口布（正面）

③摺入縫份。

1

裡袋身（正面）

作法接續下一頁→　　**33**

## ❼ 組裝側身

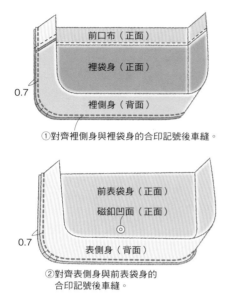

前口布（正面）

裡袋身（正面）

裡側身（背面）

0.7

①對齊裡側身與裡袋身的合印記號後車縫。

前表袋身（正面）

磁釦凹面（正面）

表側身（背面）

0.7

②對齊表側身與前表袋身的合印記號後車縫。

### KURAI・MUKI Point

#### 轉彎的圓弧可先車縫合印記號處

布片的圓弧即使已經對齊合印記號了，但車縫時，還是會產生滑動情形。此時，可以先車縫圓弧的合印記號處，再車縫剩下的部分，便可減少車縫滑動的情形，輕鬆車縫出漂亮的圓弧形。此外，車縫比較彎的圓弧時，請以每兩針調整方向的方式慢慢車縫。

## ❽ 將步驟❼縫上後袋身及袋蓋

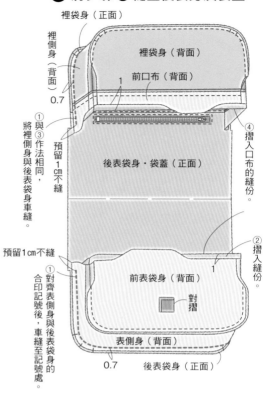

裡袋身（正面）

裡側身（背面）

裡袋身（背面）

前口布（背面）

裡側身（背面）

0.7

①與③作法相同，將裡側身與後表袋身車縫。

預留1cm不縫

後表袋身・袋蓋（正面）

④摺入口布的縫份。

②摺入縫份。

預留1cm不縫

①對齊表側身與後表袋身的合印記號後，車縫至記號處。

前表袋身（背面）

對摺

表側身（背面）

0.7　後表袋身（正面）

## ❾ 將表袋身翻至正面

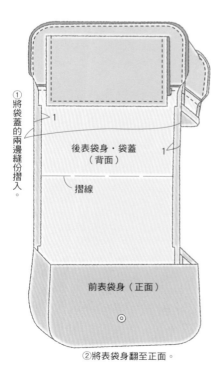

①將袋蓋的兩邊縫份摺入。

後表袋身・袋蓋（背面）

摺線

前表袋身（正面）

②將表袋身翻至正面。

## ❿ 車縫袋口，並組裝提把及擋布即完成

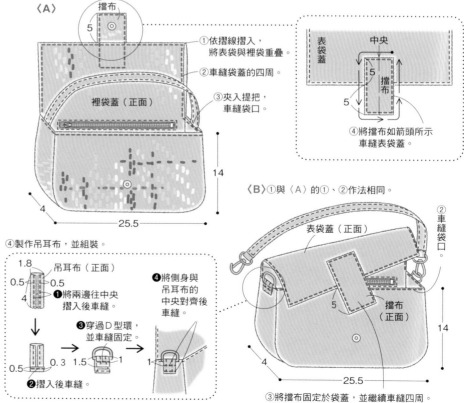

〈A〉

擋布

5

①依摺線摺入，將表袋與裡袋重疊。

②車縫袋蓋的四周。

③夾入提把，車縫袋口。

裡袋蓋（正面）

14

4

25.5

表袋蓋

中央

5

擋布

5

④將擋布如箭頭所示車縫表袋蓋。

〈B〉①與〈A〉的①、②作法相同。

④製作吊耳布，並組裝。

1.8

吊耳布（正面）

0.5　0.5

4

❶將兩邊往中央摺入後車縫。

0.5　0.3　1.5

❷摺入後車縫。

❸穿過D型環，並車縫固定。

❹將側身與吊耳布的中央對齊後車縫。

1

表袋蓋（正面）

②車縫袋口。

5

擋布（正面）

14

4

25.5

③將擋布固定於袋蓋，並繼續車縫四周。

# Granny Bag

**A**

**B**

以長方形布片製作而成的
## 祖母包

將長方形的布片作出皺褶，完成蓬蓬的圓
形包款。A款作出兩層皺褶，B款則作出
三層的皺褶變化尺寸。具備收納力，於小
小的側身抓出弧形袋底，裝東西很方便，
非常適合用於購物。

Size 〈A〉寬約40cm／長約27cm
〈B〉寬約42cm／長約31cm

■作法 P.36

**材料**　尺寸請見完成圖
〈A〉布料…棉布（印花）110×80cm
〈B〉布料…尼龍布（素色）140×80cm

**裁布圖**　單位：cm
（　）內數字為縫份。除了指定處之外，皆為1cm
※提把布直接於布料的背面畫線裁剪。

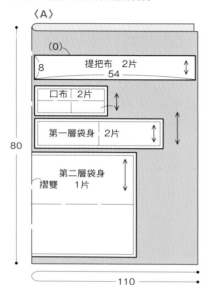

〈A〉

(0)

提把布　2片
8
54

口布　2片

第一層袋身　2片

第二層袋身
摺雙　1片

80

110

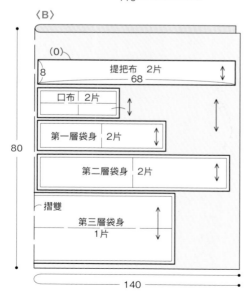

〈B〉

(0)

提把布　2片
8
68

口布　2片

第一層袋身　2片

第二層袋身　2片

摺雙
第三層袋身
1片

80

140

**作法**　〈A〉

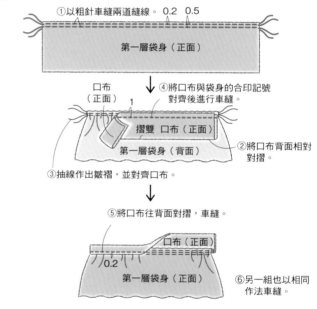

## ❶ 將口布縫上第一層袋身

①以粗針車縫兩道縫線。　0.2　0.5

第一層袋身（正面）

④將口布與袋身的合印記號
對齊後進行車縫。

口布
（正面）
1

摺雙　口布（正面）

第一層袋身（背面）

②將口布背面相對
對摺。

③抽線作出皺褶，並對齊口布。

⑤將口布往背面對摺，車縫。

口布（正面）

0.2

第一層袋身（正面）

⑥另一組也以相同
作法車縫。

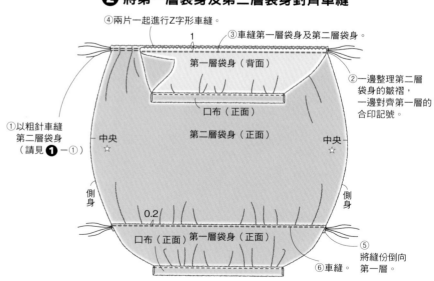

## ❷ 將第一層袋身及第二層袋身對齊車縫

④兩片一起進行Z字形車縫。

③車縫第一層袋身及第二層袋身。

1

第一層袋身（背面）

口布（正面）

②一邊整理第二層
袋身的皺褶，
一邊對齊第一層的
合印記號。

①以粗針車縫
第二層袋身
（請見❶－①）

中央
☆

第二層袋身（正面）

中央
☆

側身

側身

0.2

口布（正面）第一層袋身（正面）

⑤
將縫份倒向
第一層。

⑥車縫。

## ❸ 摺出袋身側身的皺褶

①如圖所示摺疊第一、二層袋身後，車縫固定。

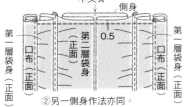

第一層袋身（正面）
口布（正面）
中央☆
第二層袋身（正面）
0.5
側身
口布（正面）
第一層袋身（正面）

②另一側身作法亦同。

## ❹ 製作提把並組裝即完成

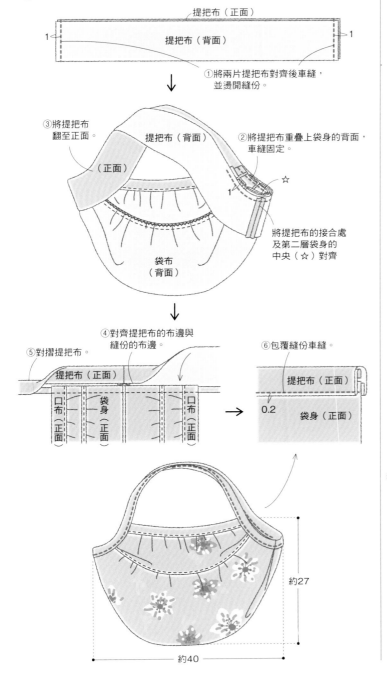

提把布（正面）
1
提把布（背面）
1

①將兩片提把布對齊後車縫，並燙開縫份。

③將提把布翻至正面。
提把布（背面）
（正面）

②將提把布重疊上袋身的背面，車縫固定。
☆
1
將提把布的接合處及第二層袋身的中央（☆）對齊

袋布（背面）

④對齊提把布的布邊與縫份的布邊。
⑤對摺提把布。
提把布（正面）
口布（正面）
袋身（正面）
口布（正面）

⑥包覆縫份車縫。
提把布（正面）
0.2
袋身（正面）

約27
約40

## 作法 〈B〉

## ❶ 將口布縫上第一層袋身
（請見P.36的 ❶）

## ❷ 將袋身對齊縫合

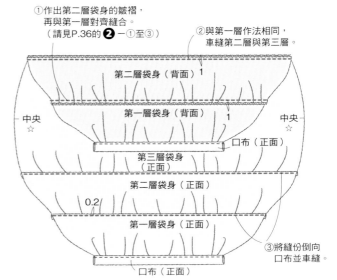

①作出第二層袋身的皺褶，再與第一層對齊縫合。
（請見P.36的 ❷ －①至③）

②與第一層作法相同，車縫第二層與第三層。

第二層袋身（背面）1
中央☆
第一層袋身（背面）1
中央☆
口布（正面）
第三層袋身（正面）
第二層袋身（正面）
0.2
第一層袋身（正面）
③將縫份倒向口布並車縫。
口布（正面）

## ❸ 摺出袋身側身的皺褶

①如圖所示，摺疊第一、二、三層袋身後，車縫固定。

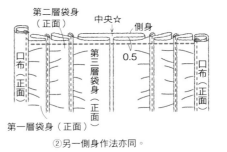

第二層袋身（正面）
中央☆
側身
口布（正面）
第三層袋身（正面）
0.5
口布（正面）
第一層袋身（正面）

②另一側身作法亦同。

## ❹ 製作提把並組裝即完成

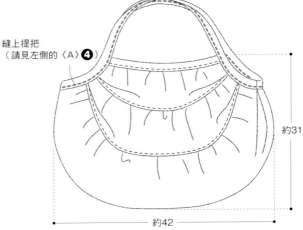

縫上提把
（請見左側的〈A〉❹）

約31
約42

# Otedama Bag

接縫四片布製作而成的

## 圓 包

接合四片相同尺寸的細長形布料,製作成像小布袋一樣的袋物。在此雖然只介紹兩種款式,若四片都以不同的布料組合,也能作出有趣的包包。本篇介紹的布片寬度分別為10cm與20cm兩種尺寸,但是作法皆相同。

Size 〈小〉寬約14cm／側身約14cm／高約20cm
　　　〈大〉寬約28cm／側身約28cm／高約40cm

■作法 P.39

由於包包的袋底是以四片
布片縫合而成,看起來就
像個小布袋一樣。

小
大

**材料**　尺寸請見完成圖（P.41）

〈小〉布料…〔表袋身〕棉布（素色）60×50㎝、棉布（印花）30×50㎝
　　　　　〔裡袋身〕棉布（素色）80×50㎝
　　　　其他…布襯40×40㎝

〈大〉布料…〔表袋身〕棉布（素色・深色）90×80㎝、棉布（素色・淺色）50×80㎝
　　　　　〔裡袋身〕棉布（素色）100×110㎝
　　　　其他…布襯60×60㎝

**裁布圖**　單位：㎝

（　）內數字為縫份。除了指定處之外，皆為1㎝

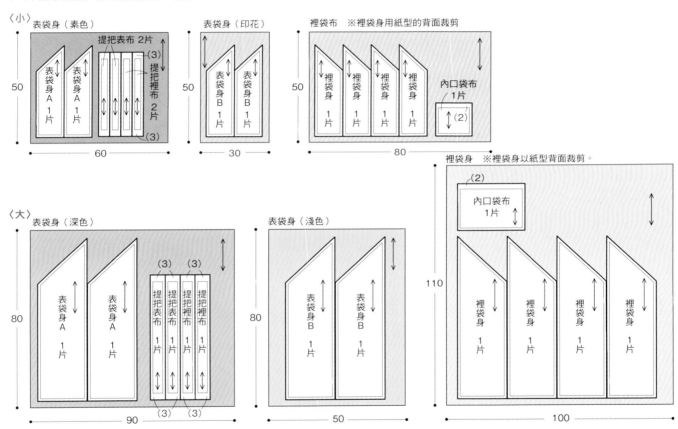

〈小〉
表袋身（素色）
提把表布 2片 (3)
提把裡布 2片
表袋身A 1片
表袋身A 1片
50
60

表袋身（印花）
表袋身B 1片
表袋身B 1片
50
30

裡袋布　※裡袋身用紙型的背面裁剪
裡袋身 1片（×4）
內口袋布 1片 (2)
50
80

〈大〉
表袋身（深色）
(3) (3)
表袋身A 1片
表袋身A 1片
提把表布 1片
提把裡布 1片
提把裡布 1片
提把裡布 1片
80
(3) (3)
90

表袋身（淺色）
表袋身B 1片
表袋身B 1片
80
50

裡袋身　※裡袋身以紙型背面裁剪。
(2)
內口袋布 1片
裡袋身 1片（×4）
110
100

**KURAI・MUKI Point**

**活用零碼布的袋物**

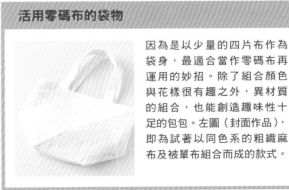

因為是以少量的四片布作為袋身，最適合當作零碼布再運用的妙招。除了組合顏色與花樣很有趣之外，異材質的組合，也能創造趣味性十足的包包。左圖（封面作品），即為試著以同色系的粗織麻布及被單布組合而成的款式。

作法接續下一頁→　**39**

作法　〈大〉〈小〉共用

**❶ 將表袋身袋口及提把表布熨燙布襯**

①將表袋身A、B的背面熨燙布襯。

布襯
2.5
表袋身（背面）

提把表布（背面）

布襯

②於提把表布的背面熨燙布襯。

**❷ 製作表袋身**

表袋身A（正面）

預留1cm不縫

表袋身B（背面）

①將表袋身A及B正面相對對齊後車縫，再將B翻至正面。

預留1cm不縫

②以相同作法製作另一組。

⑥於合印記號的位置剪出牙口。　※只剪一片。

⑦翻至背面，另一側的袋身A、B也以相同作法剪出牙口。

表袋身A（正面）
表袋身A（背面）

表袋身B（背面）

表袋身B（正面）

預留1cm不縫
預留1cm不縫
1

③如圖所示，將①與②已經縫合好的兩組正面相對重疊。

④避開縫份車縫。

⑤另一側作法亦同。

⑧將底部的縫份燙開，如圖所示摺疊。

表袋身B（背面）
表袋身A（背面）
袋底中心
表袋身A（背面）
表袋身B（背面）

表袋身A（正面）

1

表袋身B（背面）
☆
表袋身B（正面）

⑨如圖所示，將鄰近的邊正面相對對齊後車縫。

表袋身A（正面）
☆

⑩與⑨作法相同，將●和●、○和○、☆和☆車縫。

表袋身（背面）

完成袋狀

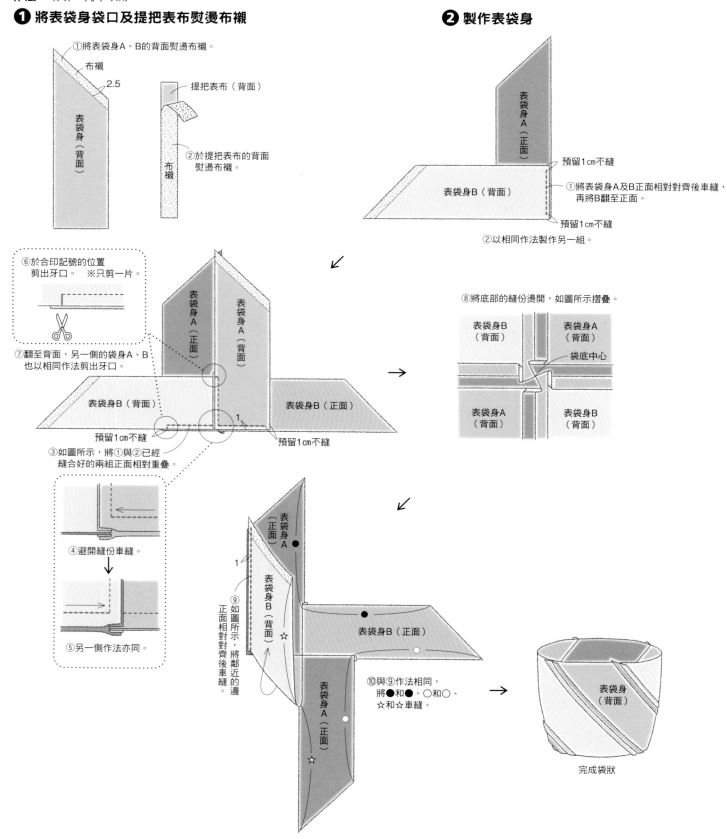

**❸ 製作裡袋身** ※注意！與表袋身的重疊方式不一樣。

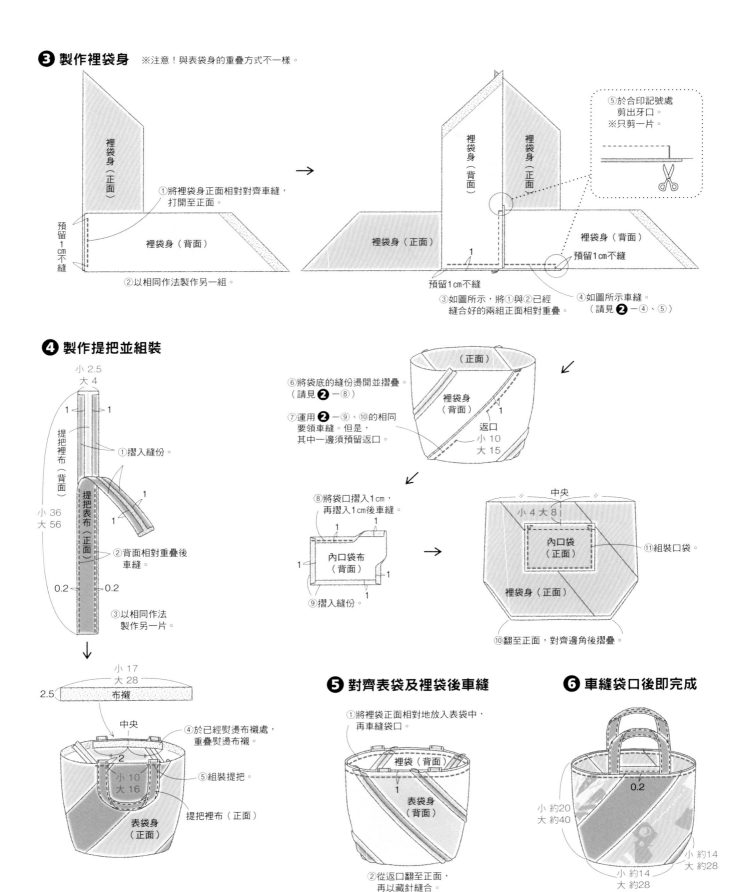

①將裡袋身正面相對對齊車縫，打開至正面。

裡袋身（正面）

裡袋身（背面）

預留1cm不縫

②以相同作法製作另一組。

裡袋身（背面）

裡袋身（正面）

裡袋身（正面）

裡袋身（背面）

1

預留1cm不縫

1

預留1cm不縫

⑤於合印記號處剪出牙口。
※只剪一片。

③如圖所示，將①與②已經縫合好的兩組正面相對重疊。

④如圖所示車縫。（請見❷─④、⑤）

**❹ 製作提把並組裝**

小 2.5
大 4

1　　1

提把裡布（背面）

小 36
大 56

提把表布（正面）

0.2　　0.2

①摺入縫份。

1

1

②背面相對重疊後車縫。

③以相同作法製作另一片。

小 17
大 28

2.5　　布襯

中央

④於已經熨燙布襯處，重疊熨燙布襯。

2

小 10
大 16

⑤組裝提把。

表袋身（正面）

提把裡布（正面）

⑥將袋底的縫份燙開並摺疊。（請見❷─⑧）

⑦運用❷─⑨、⑩的相同要領車縫。但是，其中一邊須預留返口。

（正面）

裡袋身（背面）

1

返口

小 10
大 15

⑧將袋口摺入1cm，再摺入1cm後車縫。

1

1

內口袋布（背面）

1　　　1

⑨摺入縫份。

1

中央

小 4 大 8

內口袋（正面）

⑪組裝口袋。

裡袋身（正面）

⑩翻至正面，對齊邊角後摺疊。

**❺ 對齊表袋及裡袋後車縫**

①將裡袋正面相對地放入表袋中，再車縫袋口。

裡袋（背面）

1

表袋身（背面）

②從返口翻至正面，再以藏針縫合。

**❻ 車縫袋口後即完成**

0.2

小 約20
大 約40

小 約14
大 約28

小 約14
大 約28

# Lesson Bag

書包

替換衣服收納袋

鞋子收納袋

運用布料設計成基本形狀的
## 通學包組

初次製作包包的機會,通常是製作小孩用的書
包、鞋子收納袋、替換衣服收納袋的三件組。
以兩種布料組合,營造出獨創性。束口袋的作
法、側身的縫法……等,都是袋物製作的基本
功。

Size 〈書包〉寬40cm／長30cm
　　　〈鞋子收納袋〉寬22cm／側身0cm／高24cm
　　　〈替換衣服收納袋〉寬30cm／長40cm

■作法 **P.43**

女孩用的與男孩用的包
包作法相同。書包的裡
布與表袋的袋底布使用
相同的布料製作。

材料　尺寸請見完成圖（P.44、P.45）

布料…〔表袋身〕棉布（A素色、B印花）100×70cm
　　　〔裡袋身〕棉布（A格紋、B點點）85×155cm
其他…布襯50×10cm、寬2.5cm的D型環1個、直徑0.5cm的棉繩160cm

## 裁布圖　單位：cm

（　　）內數字為縫份。除了指定處之外，皆為1cm
※除了袋身及袋底之外，其餘的布片直接於布料的背面畫線裁剪。

表袋身

〈鞋子收納袋〉提把　1片
〈鞋子收納袋〉吊耳布　1片
〈書包〉只有〈A〉徽章布b　1片
〈書包〉提把　1片

〈書包〉表袋身　1片
〈鞋子收納袋〉表袋身　1片

5　70　5　100
32　8　10.5　32
0　10　10

▢ 於背面熨燙布襯

裡袋身

〈替換衣服收納袋〉袋身　1片
（3.5）（3.5）

〈書包〉裡袋身　1片
〈鞋子收納袋〉裡袋身　1片

〈書包〉〈A〉只有徽章布a　1片
〈鞋子收納袋〉袋底　1片
〈書包〉底布　1片

（0）10　9.5　155　85

## 作法 〈書包〉〈A〉〈B〉共用

除（只有〈B〉除了❷之外）

### ❶ 組裝袋底及表袋身

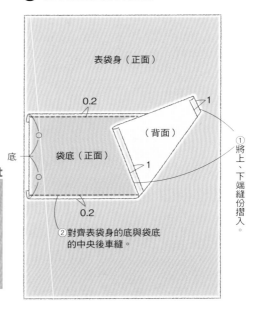

表袋身（正面）

底　袋底（正面）（背面）

0.2　0.2　1　1

①將上、下端縫份摺入。
②對齊表袋身的底與袋底的中央後車縫。

### KURAI・MUKI **Point**
**將大的袋口熨燙布襯**

大袋口款式的袋物，使用時可能有袋口鬆弛的狀況。為了避免這種情形，可於袋口熨燙布襯，控制布料的彈性空間就OK了！

### ❷ 縫上徽章　僅〈A〉

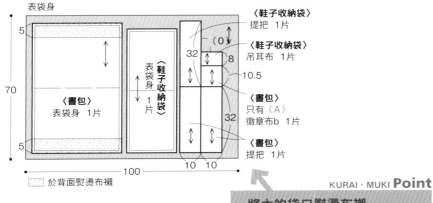

徽章布a（正面）（背面）
1　1　1　1
①四周摺入。
②徽章布b也以同樣作法摺入。

③將徽章縫上徽章布b。
徽章布b（正面）
徽章布a（正面）
8　7.5
④將a重疊上徽章布b，並車縫。

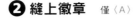

表袋身（正面）
9
⑤如圖的位置所示，將徽章布置於表袋身上車縫。
0.2
袋底（正面）

### ❸ 製作提把

①將兩邊往中央摺入。
32　0.2　0.2
提把（正面）
2.5
②對摺之後壓縫兩側。
③另一片作法亦同。

作法接續下一頁→　**43**

## ❹ 組裝提把

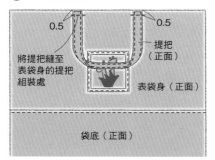

0.5　　　　0.5
將提把縫至
表袋身的提把
組裝處
提把
（正面）
表袋身（正面）
袋底（正面）

## ❺ 製作袋身

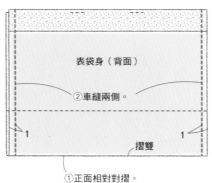

表袋身（背面）
②車縫兩側。
1
1
摺雙
①正面相對對摺。

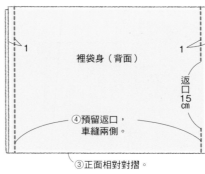

1
1
裡袋身（背面）
返口
15
cm
④預留返口，
車縫兩側。
③正面相對對摺。

## ❻ 對齊表袋及裡袋後車縫

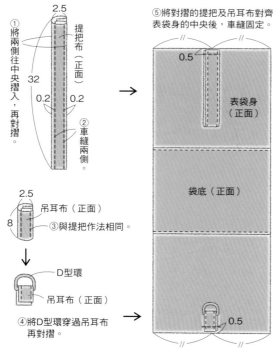

①將裡袋正面相對地放入表袋中。
③車縫袋口。
裡袋身
（背面）
1
②將側身的縫份對齊，並左右錯開。
表袋身（背面）

④從返口翻至正面，
將返口以藏針縫
（請見P.21）縫合。

## ❼ 車縫袋口即完成

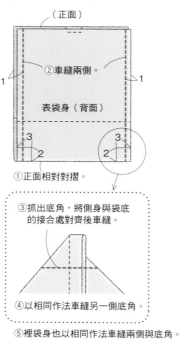

0.5
車縫袋口
B款無徽章
30
40

---

〈鞋子收納袋〉　〈A〉〈B〉共用

## ❶ 組裝袋底及表袋身　（請見P.43的書包❶）

## ❷ 製作並組裝提把

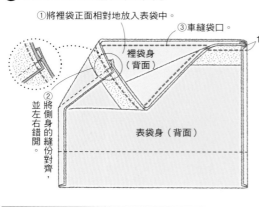

2.5
①將兩側往中央摺入，再對摺。
32
提把布（正面）
0.2　0.2
②車縫兩側。

⑤將對摺的提把及吊耳布對齊
表袋身的中央後，車縫固定。
0.5
表袋身
（正面）
袋底（正面）
0.5

2.5
8
吊耳布（正面）
③與提把作法相同。

D型環
吊耳布（正面）
④將D型環穿過吊耳布再對摺。

## ❸ 車縫側身及底角

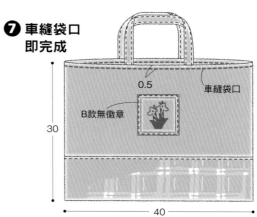

（正面）
②車縫兩側。
1
1
表袋身（背面）
3
2
3
2
①正面相對對摺。

③抓出底角，將側身與袋底
的接合處對齊後車縫。

④以相同作法車縫另一側底角。

⑤裡袋身也以相同作法車縫兩側與底角。

## ❹ 將表袋及裡袋對齊後車縫
（請見上方書包的❻）

## ❺ 車縫袋口即完成

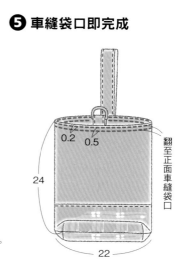

0.2　0.5
翻至正面車縫袋口
24
22

**❶ 處理兩側的布邊**

袋身（正面）

於兩側進行Z字形車縫

**❷ 車縫側身**

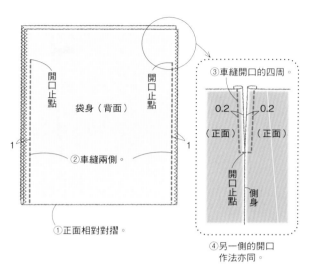

開口止點　　　　開口止點

袋身（背面）

1　　　　　　　　　1

②車縫兩側。

①正面相對對摺。

③車縫開口的四周。

0.2　　0.2

（正面）　（正面）

開口止點　　側身

④另一側的開口作法亦同。

**❸ 車縫袋口**

①將袋口摺入1cm，再摺入2.5cm後車縫。

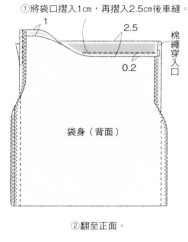

1　　　　2.5

0.2

棉繩穿入口

袋身（背面）

②翻至正面。

**❹ 穿入棉繩即完成**

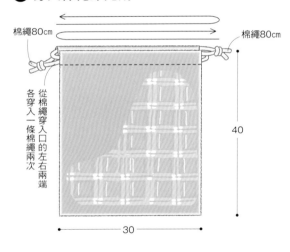

棉繩80cm　　　　　棉繩80cm

從棉繩穿入口的左右兩端各穿入一條棉繩兩次

40

30

**原寸紙型**

**P.73　口金包　〈小〉**

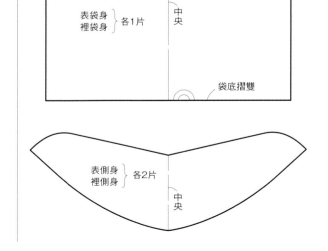

表袋身 裡袋身 } 各1片　　中央

袋底摺雙

表側身 裡側身 } 各2片　　中央

# Bucket Bag

A

B

可作為收納裝飾的

## 水 桶 包

A、B款的袋底都很堅固，是方便置於床上的尺寸。可以放在房間內收納大量的玩具或雜貨，單提把的設計讓小小孩也能輕鬆地提拿。A款的袋底為正方形，B款的袋底為圓形。無論哪一款的對齊車縫方法的訣竅都於P.48都有詳盡的解說，這種作法也能應用於各式各樣的袋物。

Size 〈A〉寬20cm／側身20cm／高30cm
　　　〈B〉直徑約25cm／高30cm

■作法 **P.47**

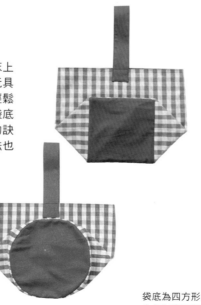

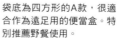

袋底為四方形的A款，很適合作為遠足用的便當盒。特別推薦野餐使用。

材料　尺寸請見完成圖（P.48）
〈A〉布料…棉布（格紋）100×65cm　棉布（素色）100×100cm
〈B〉布料…棉布（格紋）100×80cm　棉布（素色）100×100cm

**裁布圖**　單位：cm
（　）內數字為縫份。除了指定處之外，皆為1cm
※提把布直接於布料的
　背面畫線裁剪。

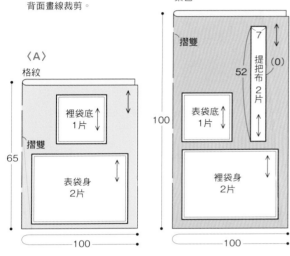

〈A〉
格紋
摺雙
裡袋底
1片
摺雙
表袋身
2片
65
100

素色
摺雙
7
提把布
2片
(0)
52
表袋底
1片
裡袋身
2片
100
100

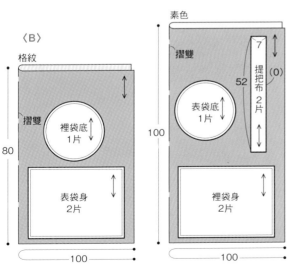

〈B〉
格紋
摺雙
裡袋底
1片
摺雙
表袋身
2片
80
100

素色
摺雙
7
提把布
2片
(0)
52
表袋底
1片
裡袋身
2片
100
100

**作法**　〈A〉〈B〉共用

❶ **車縫側身**

表袋身（正面）
1
表袋身（背面）
1
①將兩片正面相對對齊後，
車縫兩側，再燙開縫份。
②裡袋身作法亦同。

❹ **製作提把**

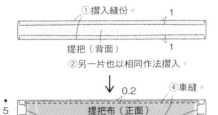

①摺入縫份。
1
提把（背面）
1
②另一片也以相同作法摺入。

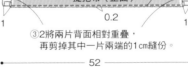

0.2
④車縫。
5
提把布（正面）
1
0.2
1
③2將兩片背面相對重疊，
再剪掉其中一片兩端的1cm縫份。
52

❺ **組裝提把即完成**

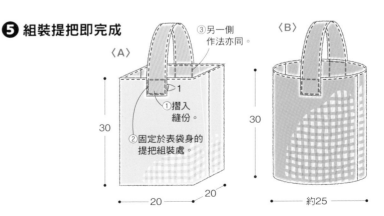

〈A〉
③另一側
作法亦同。
1
①摺入
縫份。
②固定於表袋身的
提把組裝處。
30
20
20

〈B〉
30
約25

❷ **對齊袋身及袋底後車縫**
（請見P.48的Point Lesson）

❸ **對齊表袋及裡袋後車縫**

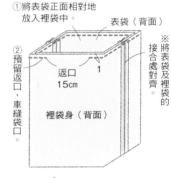

①將表袋正面相對地
放入裡袋中。
表袋（背面）
②
預留
返口
，
車縫
袋口
。
返口
15cm
1
※將表袋
及裡袋的
接合處對
齊
裡袋身（背面）

③從返口翻至正面，
車縫袋口。
裡袋身（正面）
0.2
表袋身（正面）

作法接續下一頁→　**47**

## 袋底的對齊車縫方法

方底與圓底的對齊車縫方法，各有不同的重點。
若能夠掌握方便的技巧，製作起來會更順手。

### A.方底

於袋身的合印記號處剪出牙口，邊角會更容易車縫。

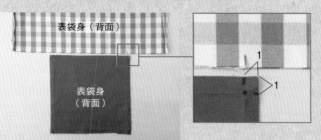

**1.** 於表袋身上以粉土筆畫出合印記號。於表袋底的邊角內側1㎝處畫出記號點。

**2.** 將表袋身與表袋底正面相對對齊，先將其中一邊從合印記號車縫至另一個合印記號。完成後，再車縫相對的另一邊。

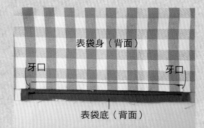

**3.** 僅於表袋身的合印記號處剪出牙口。

**4.** 將剩下的兩邊各別正面相對對齊後車縫。

**5.** 縫製表袋底後的樣子。

**6.** 將邊角的縫份摺向表袋底，再翻至正面。若能將邊角的縫份摺好再翻至正面，便能夠作出俐落的袋角。

**7.** 翻至正面的樣子。

**8.** 將裡袋身與裡袋底以相同作法車縫。

### B.圓底

將袋身朝上，便能縫出漂亮的圓弧形。

**1.** 於表袋身與表袋底以粉土筆畫出合印記號。

**2.** 將表袋身與表袋底的對齊記號正面相對對齊後，以強力夾（請見P.6）固定。

**3.** 從表袋身進行車縫。為了不讓兩片布料滑動，請以尖錐一邊按壓，一邊慢慢地車縫。始縫處與止縫處，都須重疊車縫2㎝左右。

**4.** 縫製表袋底後的樣子。

**5.** 將裡袋身及裡袋底以相同作法車縫。

# Nanamegake Bag

將喜歡的布料壓線後製作而成的

## 斜背包

只要將表布與裡布中間夾入鋪棉，再以縫紉機壓線，即可簡單地製作出專屬鋪棉布。P.51以圖解教學方便縫紉的作法，不妨試著以喜歡的布料輕鬆地嘗試吧！由於完成後，布料具有厚度與衝擊緩衝性，最適合放相機或平板電腦。

Size 〈大〉寬32cm／側身12cm／高23cm
　　　〈小〉寬18cm／側身12cm／高15cm

■作法 **P.50**

可以依喜好調整肩背帶的長度。

提供／A：條紋織帶（清原）　**49**

小

大

## 材料

〈大〉布料…〔表袋身〕針織布（條紋）110×65cm　〔表袋身的裡布〕棉布（素色）110×65cm
〔裡袋身〕棉布（素色）110×65cm

其他…雙面含膠鋪棉110×65cm、寬約3.8cm的聚酯纖維織帶（◆條紋織帶HMT-01）160cm、寬4cm的
口型環1個、寬4cm的背帶調節環1個、寬2.5cm的魔鬼氈20cm

〈小〉布料…〔表袋身〕針織布（條紋）80×45cm　〔表袋身的裡布〕棉布（素色）80×45cm
〔裡袋身〕棉布（素色）80×45cm

其他…雙面含膠鋪棉80×45cm、寬2.5cm的壓克力織帶160cm、寬2.5cm的口型環1個、寬2.5cm的背帶調
節環1個、寬2.5cm的魔鬼氈10cm

**裁布圖**　單位：cm
（　）內數字為縫份。除了指定處之外，皆為1cm

〈大〉

表袋身・表袋身的裡布・鋪棉
※如下圖所示，先依紅線裁剪，再壓線。
（請見P.51的Point Lesson）

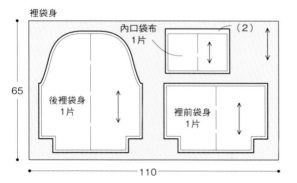

〈小〉

表袋身・表袋身的裡布・鋪棉
※如下圖所示，先依紅線裁剪，再壓線。
（請見P.51的Point Lesson）

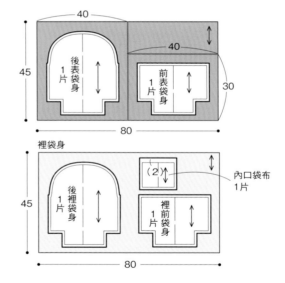

KURAI・MUKI **Point**

**壓線之後
再裁剪各個布片**

將兩片布料夾入鋪棉車縫，布
料多少會有縮小的情形。先裁
出大概的尺寸，再進行壓線
（請見P.51的Point Lesson），
完成後，再裁剪出需要的布片
吧！

**壓線　〈大〉**

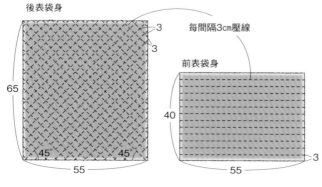

**壓線　〈小〉**

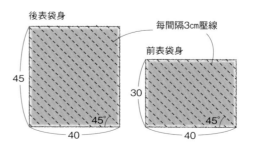

## 壓線的方法

下圖是以〈小〉的前表袋身說明。〈大〉也以相同要領請見P.50的壓線標示，進行壓線吧！

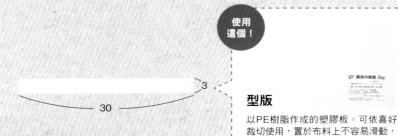

← 30 → ┤ 3

**1.** 將型版或是厚紙裁剪成寬3cm、長30cm左右。

**使用這個！**

### 型版
以PE樹脂作成的塑膠板。可依喜好裁切使用，置於布料上不容易滑動，也可以取代厚紙，反覆使用，也有不會留下缺口的優點。

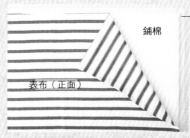

裡布（背面）
鋪棉
表布（正面）

**2.** 將依紙型約略裁切的表布與表布的裡層布背面相對對齊，中間夾入雙面含膠鋪棉，將布邊整理對齊。

---

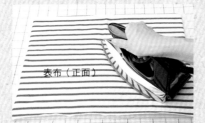

表布（正面）

**3.** 以中溫熨斗由上方一邊按壓，一點一點地移動位置，直至布料整體都熨燙過。將裡層布側朝上，再以相同作法熨燙一次。

布紋方向

**4.** 將方格尺置於布料中央，畫出與布紋方向呈45度的線條。

KURAI · MUKI **Point**

### 畫出方格尺中45度的線條作為基準

方格尺若有45度的線可以對齊直和橫的布紋方向，就能方便地畫出45度的線，製作斜紋布時也能派上用場。

---

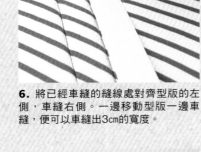

**5.** 將步驟**1**型版的右側對齊步驟**4**畫的線，於線上車縫。將型版置於壓布腳下車縫，除了可防止布料滑動，亦可直接車縫。

**6.** 將已經車縫的縫線處對齊型版的左側，車縫右側。一邊移動型版一邊車縫，便可以車縫出3cm的寬度。

**7.** 以相同作法，將布料整體以3cm的寬度車縫。放上已含縫份的紙型，轉寫紙型的縫份線條，再於線上車縫。

KURAI · MUKI **Point**

---

**8.** 依步驟**7**縫線的外側邊緣裁剪。注意！不要剪到步驟**7**的縫線。

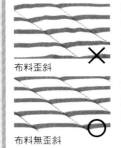

**9.** 將周圍裁剪好的樣子。若車縫縫份線，壓線的縫線就不會脫線，接下來的步驟會更方便。以相同作法將後表袋身壓線後，再進行裁剪。

### 使用型板車縫，可避免布料歪斜

沒有使用型版，將表布、鋪棉、裡布一起車縫，如上圖所示，布料容易歪斜。
以型版一邊按壓一邊車縫，布料則不易滑動，可輕鬆車縫出漂亮的壓線。

布料歪斜 ✗
布料無歪斜 ○

作法接續下一頁→  **51**

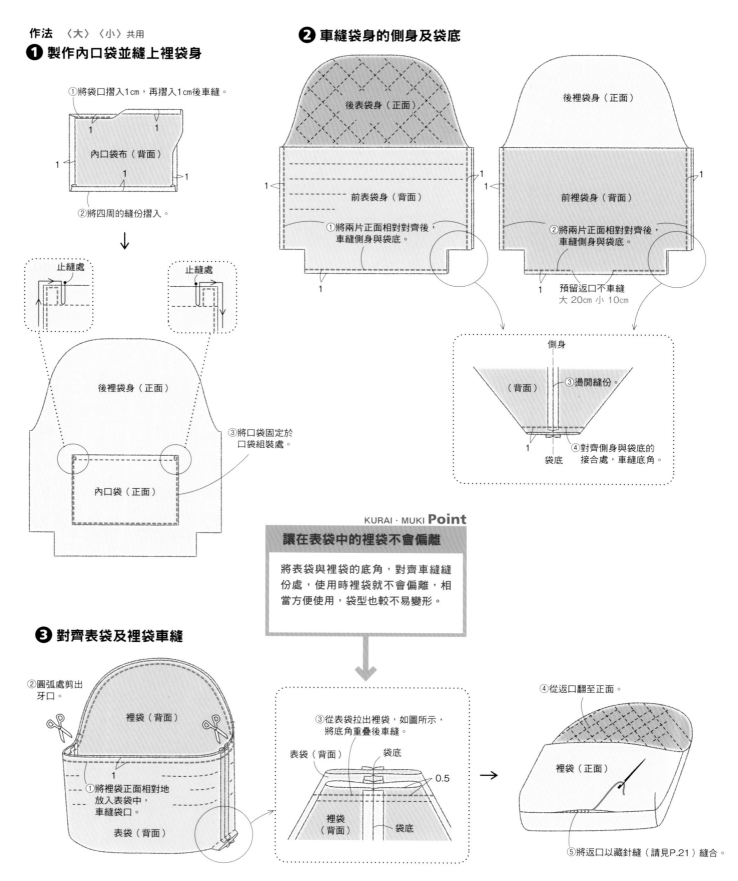

作法 〈大〉〈小〉共用

❶ 製作內口袋並縫上裡袋身

①將袋口摺入1cm，再摺入1cm後車縫。

內口袋布（背面）

②將四周的縫份摺入。

止縫處

止縫處

後裡袋身（正面）

③將口袋固定於口袋組裝處。

內口袋（正面）

❷ 車縫袋身的側身及袋底

後表袋身（正面）

後裡袋身（正面）

前表袋身（背面）

前裡袋身（背面）

①將兩片正面相對對齊後，車縫側身與袋底。

②將兩片正面相對對齊後，車縫側身與袋底。

預留返口不車縫
大 20cm 小 10cm

側身

（背面）

③燙開縫份。

袋底

④對齊側身與袋底的接合處，車縫底角。

KURAI・MUKI **Point**

**讓在表袋中的裡袋不會偏離**

將表袋與裡袋的底角，對齊車縫縫份處，使用時裡袋就不會偏離，相當方便使用，袋型也較不易變形。

❸ 對齊表袋及裡袋車縫

②圓弧處剪出牙口。

裡袋（背面）

①將裡袋正面相對地放入表袋中，車縫袋口。

表袋（背面）

③從表袋拉出裡袋，如圖所示，將底角重疊後車縫。

表袋（背面）

袋底

裡袋（背面）

袋底

0.5

④從返口翻至正面。

裡袋（正面）

⑤將返口以藏針縫（請見P.21）縫合。

# ❹ 縫上魔鬼氈

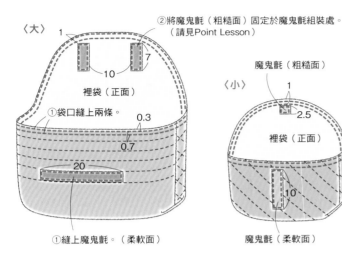

〈大〉

②將魔鬼氈（粗糙面）固定於魔鬼氈組裝處。
（請見Point Lesson）

1

7

10

裡袋（正面）

①袋口縫上兩條。

0.3

0.7

20

①縫上魔鬼氈。（柔軟面）

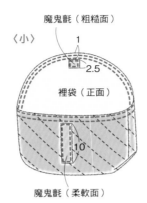

〈小〉

魔鬼氈（粗糙面）

1

2.5

裡袋（正面）

10

魔鬼氈（柔軟面）

# ❺ 製作肩背帶並縫上即完成

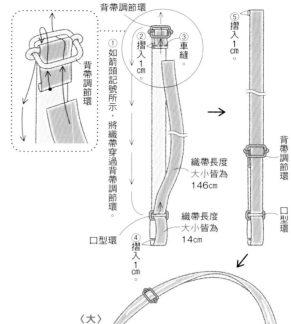

背帶調節環

②摺入1cm

③車縫

背帶調節環

①如箭頭記號所示，將織帶穿過背帶調節環。

⑤摺入1cm

背帶調節環

口型環

織帶長度大小皆為146cm

織帶長度大小皆為14cm

口型環

④摺入1cm

## *Point Lesson*

### 魔鬼氈的縫法

魔鬼氈以珠針不易固定，若以布用雙面膠固定於車縫處，則會比較方便。不要將黏膠貼於車縫處，而是將布用雙面膠貼於魔鬼氈的中央。

**1.** 於表袋身的魔鬼氈組裝處作出記號（記號的畫法請見P.14「雞眼釦的組裝方法」的步驟**1**、**2**）。

**2.** 於魔鬼氈的背面，避開車縫處，中央貼上寬0.5cm的布用雙面膠。

**3.** 魔鬼氈組裝處。

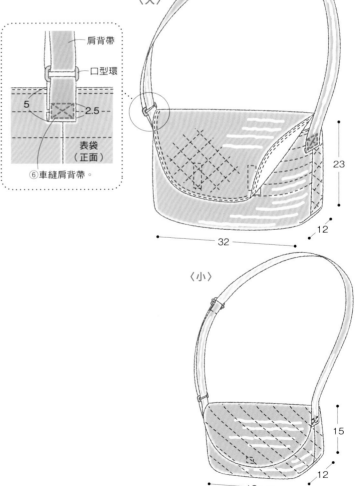

肩背帶

口型環

5

2.5

表袋（正面）

⑥車縫肩背帶。

〈大〉

23

12

32

〈小〉

15

12

18

# Rucksack & Body Bag

即使背重物也不會造成肩膀負擔的

## 減壓背包

以輕薄又不易髒的尼龍布製作而成的背包。將背帶夾入鋪棉，就能達到緩衝的效果，即使放入重物也能輕鬆負荷。此外，於袋口縫上長一點的拉鍊，拿取袋中的物品會更方便。

Size 寬30cm／側身13cm／高35cm

■作法 **P.55**

提供／時尚尼龍布、雙色拉鍊（皆為清原）

單肩背的

## 減壓隨身包

只要將包包往身體前方滑動，就能快速取出物品，相當方便。

緊貼著肩膀的斜背包，由於能將兩手空出使用，作為日常行走或騎單車使用都很適合，若背得更舒適，則可依身高調整背帶長度。前袋身特別縫上附拉鍊的口袋，可便於取用錢包與卡片。

Size 寬18cm／側身10cm／高33cm

■作法 **P.58**

**材料**　尺寸請見完成圖（P.57）

布料…〔表袋身〕尼龍布（中厚）◆時尚尼龍布HMF-01（深藍色：布寬約73㎝）73×150㎝
　　　　〔裡袋身〕棉布（素色）75×130㎝

其他…寬0.8㎝的滾邊用斜紋布條290㎝、鋪棉75×50㎝

長20㎝的單開拉鍊 1條（◆雙色拉鍊HM-10V20BL）

長40㎝的單開拉鍊 2條（◆雙色拉鍊HM-10V40BL）

寬2.5㎝長度調節環2個、寬2.5㎝的尼龍織帶250㎝

**裁布圖**　單位：㎝

（　　）內數字為縫份。除了指定處之外，皆為1㎝

※肩背帶布、補強布請直接於布料背面畫線裁剪。

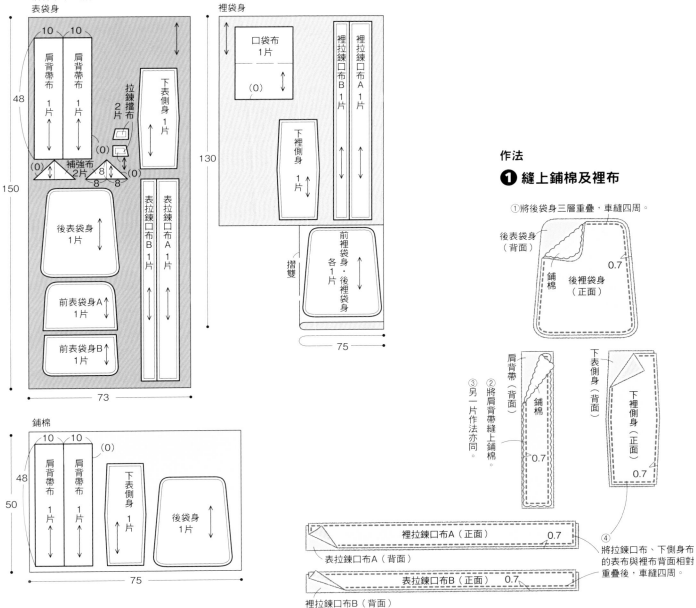

表袋身

| 肩背帶布 1片 | 肩背帶布 1片 |
|---|---|

拉鍊擋布 2片

下表側身 1片

補強布 2片

後表袋身 1片

前表袋身A 1片

前表袋身B 1片

表拉鍊口布B 1片

表拉鍊口布A 1片

裡袋身

口袋布 1片

裡拉鍊口布B 1片

裡拉鍊口布A 1片

下裡側身 1片

前裡袋身・後裡袋身 各1片

摺雙

鋪棉

| 肩背帶布 1片 | 肩背帶布 1片 |
|---|---|

下表側身 1片

後袋身 1片

**作法**

### ❶ 縫上鋪棉及裡布

①將後袋身三層重疊，車縫四周。

後表袋身（背面）
鋪棉
後裡袋身（正面）
0.7

肩背帶（背面）
鋪棉
0.7

②將肩背帶縫上鋪棉。

③另一片作法亦同。

下表側身（背面）
下裡側身（正面）
0.7

④將拉鍊口布、下側身布的表布與裡布背面相對重疊後，車縫四周。

裡拉鍊口布A（正面）　0.7
表拉鍊口布A（背面）

表拉鍊口布B（正面）　0.7
裡拉鍊口布B（背面）

## ❷ 將拉鍊組裝至拉鍊口布，縫至下側身布

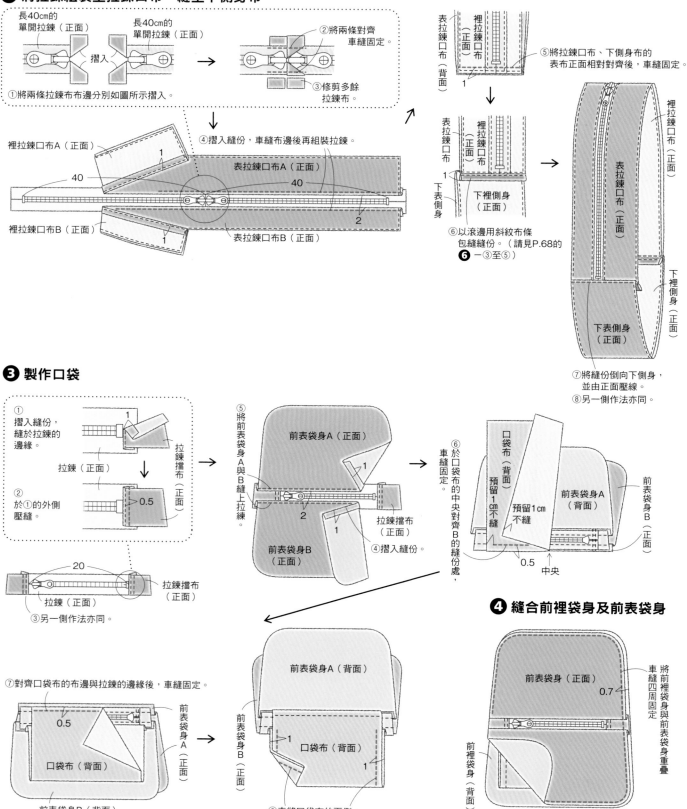

長40cm的單開拉鍊（正面）　長40cm的單開拉鍊（正面）
摺入
①將兩條拉鍊布邊分別如圖所示摺入。

②將兩條對齊車縫固定。
③修剪多餘拉鍊布。

④摺入縫份，車縫布邊後再組裝拉鍊。

裡拉鍊口布A（正面）
40
裡拉鍊口布B（正面）
表拉鍊口布A（正面）
40
表拉鍊口布B（正面）
1
2
1

表拉鍊口布（背面）
裡拉鍊口布
1

⑤將拉鍊口布、下側身布的表布正面相對對齊後，車縫固定。

表拉鍊口布（正面）
裡拉鍊口布
下表側身
下裡側身（正面）
1

⑥以滾邊用斜紋布條包縫縫份。（請見P.68的❻—③至⑤）

裡拉鍊口布（正面）
表拉鍊口布（正面）
下裡側身（正面）
下表側身（正面）

⑦將縫份倒向下側身，並由正面壓線。
⑧另一側作法亦同。

## ❸ 製作口袋

①摺入縫份，縫於拉鍊的邊緣。
拉鍊（正面）
拉鍊擋布（正面）
1

②於①的外側壓縫。
0.5
拉鍊擋布（正面）

20
拉鍊（正面）
拉鍊擋布（正面）
③另一側作法亦同。

⑤將前表袋身A與B縫上拉鍊。
前表袋身A（正面）
1
前表袋身B（正面）
2
④摺入縫份。
拉鍊擋布（正面）

⑥於口袋布的中央對齊B的縫份處，車縫固定。
口袋布（背面）
預留1cm不縫
預留1cm不縫
前表袋身A（背面）
前表袋身B（正面）
0.5
中央

⑦對齊口袋布的布邊與拉鍊的邊緣後，車縫固定。
0.5
口袋布（背面）
前表袋身A（正面）
前表袋身B（背面）

前表袋身A（背面）
前表袋身B（正面）
口袋布（背面）
1
1
⑧車縫口袋布的兩側。
※避開B車縫。

## ❹ 縫合前裡袋身及前表袋身

前表袋身（正面）
0.7
前裡袋身（背面）
將前裡袋身與前表袋身重疊車縫四周固定

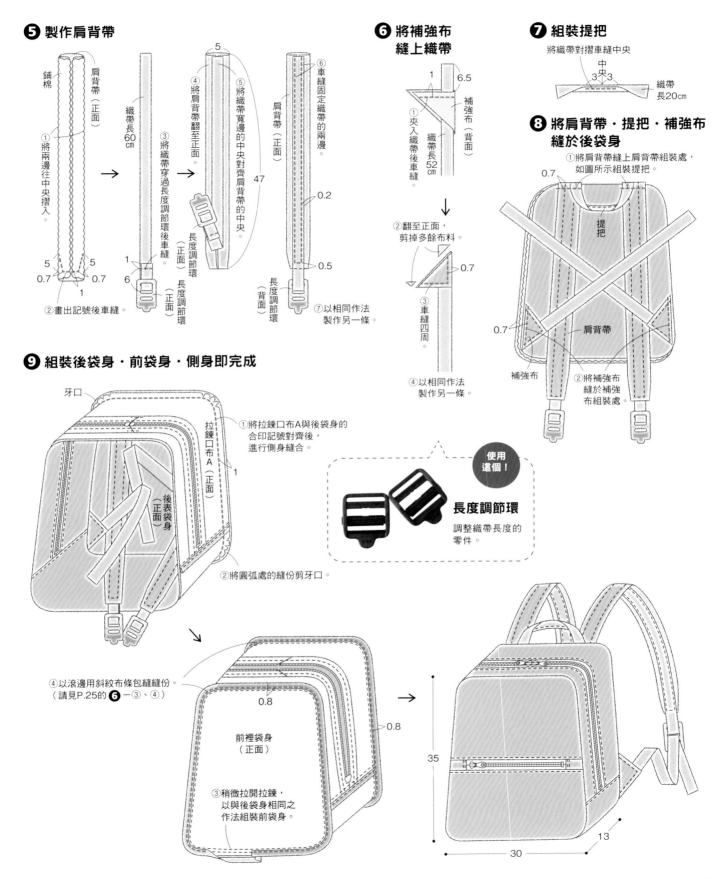

❺ 製作肩背帶

鋪棉
肩背帶（正面）
①將兩邊往中央摺入。
5 5
0.7 0.7
1
②畫出記號後車縫。

織帶長60㎝
③將織帶穿過長度調節環後車縫。
1
6
（正面）
長度調節環
（正面）

④將肩背帶翻至正面。
長度調節環

⑤將織帶寬邊的中央對齊肩背帶的中央。
47

肩背帶（正面）
⑥車縫固定織帶的兩邊。
0.2
0.5
長度調節環（背面）
⑦以相同作法製作另一條。

❻ 將補強布縫上織帶

1 6.5
①夾入織帶後車縫。
補強布（背面）
織帶長52㎝

②翻至正面，剪掉多餘布料。
0.7
③車縫四周。
④以相同作法製作另一條。

❼ 組裝提把
將織帶對摺車縫中央
中央
3 3
織帶長20㎝

❽ 將肩背帶‧提把‧補強布縫於後袋身
①將肩背帶縫上肩背帶組裝處，如圖所示組裝提把。
0.7
提把
0.7
肩背帶
補強布
②將補強布縫於補強布組裝處。

❾ 組裝後袋身‧前袋身‧側身即完成

牙口
①將拉鍊口布A與後袋身的合印記號對齊後，進行側身縫合。
拉鍊口布A（正面）
1
（後表袋身）（正面）
②將圓弧處的縫份剪牙口。

使用這個！
長度調節環
調整織帶長度的零件。

④以滾邊用斜紋布條包縫縫份。
（請見P.25的 ❻ －③、④）
0.8
0.8
前裡袋身（正面）
③稍微拉開拉鍊，以與後袋身相同之作法組裝前袋身。

35
30
13

**材料**　尺寸請見完成圖

布料…〔表袋身〕尼龍布（中厚）（◆時尚尼龍布　天空藍HMF-01：布寬約73cm）73×100cm〔裡袋身〕尼
尼龍布（素色）75×70cm

其他…寬0.8cm的滾邊用斜紋布條230cm、鋪棉40×50cm
長20cm的單開拉鍊2條（◆雙色拉鍊HM-10V20BL）、
長40cm的單開拉鍊1條（◆雙色拉鍊HM-10V40BL）、寬2.5cm的D型環2個、
寬2.5cm的問號鉤1個、寬2.5cm的背帶調節環1個、寬2.5cm的尼龍織帶120cm

**裁布圖**　單位：cm
（　）內數字為縫份。除了指定處之外，皆為1cm
※肩背帶布、提把布請直接於布料的背面畫線裁剪。

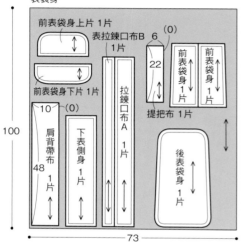

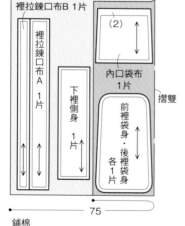

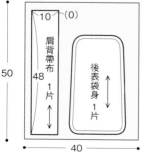

**作法**

**❶ 縫上鋪棉及裡布**

①重疊鋪棉，
並車縫四周。

②重疊裡布，並車縫四周。

**❷ 將拉鍊組裝至拉鍊口布
再縫合下側身**

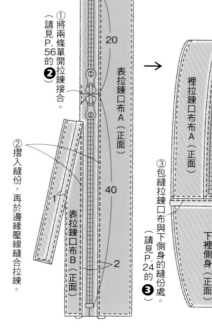

①將兩條單開拉鍊接合。
（請見P.56的 ❷）

②摺入縫份，再於邊緣壓線縫合拉鍊。

③包縫拉鍊口布與下側身的縫份處。（請見P.24的 ❸）

④將縫份倒向下側身，並由正面壓縫布邊。

⑤另一側作法亦同。

**❸ 製作前袋身**

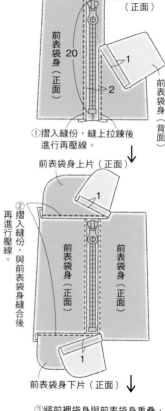

①摺入縫份，縫上拉鍊後
進行再壓線。

②摺入縫份，與前表袋身縫合後
再進行壓線。

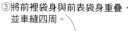

③將前裡袋身與前表袋身重疊，
並車縫四周。

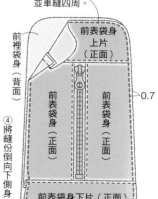

58

## ❹ 製作裡袋

後裡袋身（正面）

②將口袋的底邊縫於口袋組裝處。

內口袋布（背面）

1

1

①將袋口摺入1cm，再摺入1cm後車縫。

後裡袋身（正面）

內口袋（正面）

③將內口袋翻至正面。

0.7

鋪棉

後表袋身（背面）

④將後表袋身與與裡袋身之間夾入鋪棉，並車縫四周。

## ❺ 製作肩背帶

背帶調節環（正面）

3

②摺入1cm。

③車縫。

①如箭頭符號所示，將織帶穿入背帶調節環。（背帶調節環的穿法請見P.53的 ❺）

織帶長102㎝

織帶（正面）

④將織帶穿過問號鉤。

織帶（正面）

背帶調節環（正面）

鋪棉

肩背帶（背面）

⑤將兩邊往中央摺入。

5

0.5        0.5

⑥畫出記號後車縫。

⑦將肩背帶翻至正面。

0.2

0.5

背帶調節環（背面）

⑧將織帶寬邊的中央對齊肩背帶的中央後，車縫織帶固定。

## ❻ 將肩背帶‧提把‧D型環組裝於後袋身

提把布（正面）

①將兩邊往中央摺入。

②再對摺後車縫。

1.5

22

③將肩背帶與提把分別組裝於指定處。

0.7

提把（正面）

肩背帶（正面）

後表袋身（正面）

0.7        0.7

④將織帶穿過D型環組裝處，縫上D型環後對摺，縫上D型環。

D型環

8

織帶

## ❼ 組裝前、後袋身與側身即完成

②於圓弧處的縫份剪牙口。

裡拉鍊口布A（正面）

後表袋身（正面）

表拉鍊口布B（正面）

①將拉鍊口布A（比較寬的那一側）貼合後袋身，對齊合印記號後車縫。

下裡側身（正面）

下表側身（正面）

0.8

0.8

③稍微拉開拉鍊，相同作法組裝前袋身，以與後袋身之前裡袋身（正面）

④以滾邊用斜紋布條包縫縫份（請見P.25的 ❻-③、④）

下裡側身（正面）

33

10    18

59

# Stylist Bag

可以容納大量物品的

## 設計包

旅行、學習才藝……若能備有一個大包包
會很方便，但是放入的物品往往很多，因
此，輕盈又耐用的包包最為理想，使用尼
龍布將提把繞著袋身一周製作而成。之所
以稱之為「設計包」，則是因為攝影時，
總是裝很多東西的設計師經常使用這款包
包而得名。讓我們依目的，選擇不同的尺
寸製作吧！

Size 〈小〉寬23cm／側身8cm／高19cm
〈中〉寬40cm／側身15cm／高30cm
〈大〉寬52cm／側身18cm／高42cm

■作法 **P.61**

為了容納大件物品，也可以
肩背，縫上長一點的提把即
可。

提供／時尚尼龍布、雙面用織帶（皆為清原）

60

材料　尺寸請見完成圖（P.63）
※尼龍布（中厚）為時尚尼龍布（布寬約73cm　HMF-01）、壓克力織帶為雙面織帶。

〈大〉布料…尼龍布（中厚）（米色）73×165cm
　　　其他…寬3cm的壓克力織帶（TPR30-L）156cm　2條
　　　長73cm的雙開樹脂拉鍊、長20cm的單開樹脂拉鍊各1條、寬0.8cm的滾邊用斜紋布條130cm

〈中〉布料…尼龍布（中厚）（橘色）65×135cm
　　　其他…寬3cm的壓克力織帶（TPR30-L）120cm　2條
　　　長57cm的雙開樹脂拉鍊、長25cm的單開樹脂拉鍊各1條、寬0.8cm的滾邊用斜紋布條100cm

〈小〉布料…尼龍布（中厚）（黑色）60×55cm
　　　其他…寬2.5cm的壓克力織帶（TPR25-L）82cm　2條、長33cm的雙開樹脂拉鍊、長14cm的單開樹脂
　　　拉鍊各1條、寬0.8cm的滾邊用斜紋布條65cm

**裁布圖**　單位：cm

〈大〉（　）內數字為縫份。除了指定處之外，皆為1cm
※擋布、口袋布請直接於布料的背面畫線裁剪。

〈大〉
內口袋布 1枚　23　50　（0）　擋布2片　8　4
袋口　提把位置　袋身 1片　摺雙　165　73

〈中〉
內口袋布 1片　23　40　（0）　（0）　擋布2片　8　4
袋口　提把組裝處　袋身 1片　摺雙　125　65

〈小〉
袋口　提把組裝處　袋底　袋身 1片　袋口　17　內口袋布 1片　28　55　（0）（0）8 4　擋布2片　60

**作法**
〈大〉〈中〉〈小〉共用

## ❶ 製作內口袋 （①、②請使用拉鍊壓布腳〈P.67〉）

①將拉鍊的布邊與內口袋的布邊正面相對重疊，並車縫。
口袋口　拉鍊（背面）　內口袋布（正面）　1　1.5

③翻至正面，車縫。　0.2　0.2　內口袋布（正面）

②另一側作法亦同。

內口袋布（背面）　1　大5 中4 小3　摺山處
④翻至背面，如圖的位置摺疊，車縫兩側。

⑤翻至正面，車縫上緣的摺山處。　0.2　內口袋布（正面）

作法接續下一頁→　61

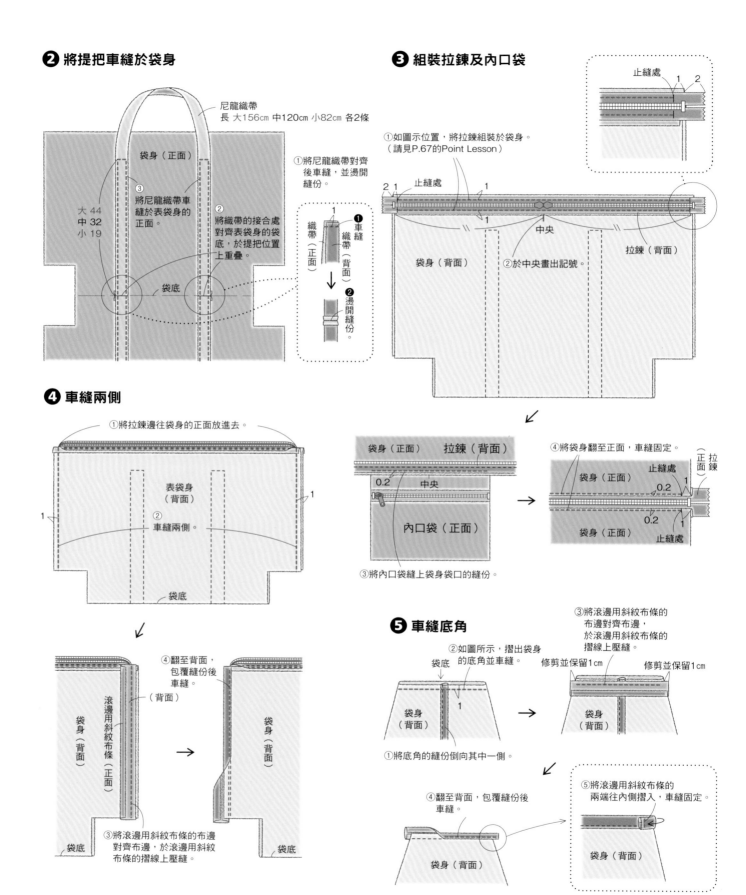

**❷ 將提把車縫於袋身**

尼龍織帶
長 大156cm 中120cm 小82cm 各2條

袋身（正面）

③
將尼龍織帶車縫於表袋身的正面。

大 44
中 32
小 19

②
將織帶的接合處對齊表袋身的袋底，於提把位置上重疊。

袋底

①將尼龍織帶對齊後車縫，並燙開縫份。

織帶（正面）

❶
車縫

織帶（背面）

❷
燙開縫份。

**❸ 組裝拉鍊及內口袋**

止縫處 1 2

①如圖示位置，將拉鍊組裝於袋身。（請見P.67的Point Lesson）

2 1 止縫處 1

袋身（背面）

②於中央畫出記號。

中央

拉鍊（背面）

1

**❹ 車縫兩側**

①將拉鍊邊往袋身的正面放進去。

表袋身（背面）

②車縫兩側。

1

1

袋底

袋身（正面）　拉鍊（背面）

0.2　中央

內口袋（正面）

③將內口袋縫上袋身袋口的縫份。

④將袋身翻至正面，車縫固定。

袋身（正面）

止縫處

0.2

1

（正面）拉鍊

袋身（正面）

0.2

1

止縫處

④翻至背面，包覆縫份後車縫。

（背面）

滾邊用斜紋布條（正面）

袋身（背面）

袋身（背面）

袋底

袋底

③將滾邊用斜紋布條的布邊對齊布邊，於滾邊用斜紋布條的摺線上壓縫。

**❺ 車縫底角**

②如圖所示，摺出袋身的底角並車縫。

袋底

1

袋身（背面）

①將底角的縫份倒向其中一側。

③將滾邊用斜紋布條的布邊對齊布邊，於滾邊用斜紋布條的摺線上壓縫。

修剪並保留1cm　　修剪並保留1cm

袋身（背面）

④翻至背面，包覆縫份後車縫。

袋身（背面）

⑤將滾邊用斜紋布條的兩端往內側摺入，車縫固定。

袋身（背面）

**❻ 將擋布縫於表袋身的拉鍊兩端即完成**

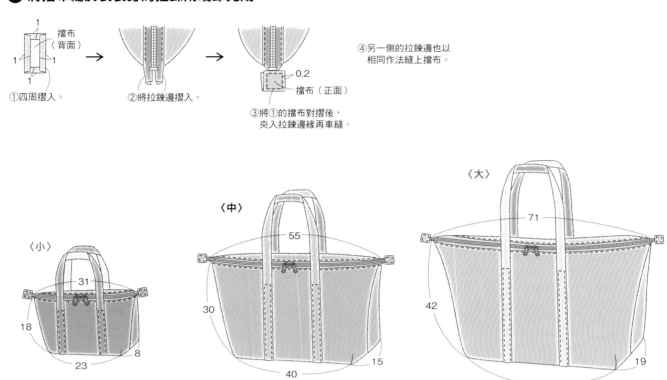

①四周摺入。

②將拉鍊邊摺入。

③將①的擋布對摺後，
夾入拉鍊邊緣再車縫。

擋布（背面）

擋布（正面）

0.2

④另一側的拉鍊邊也以
相同作法縫上擋布。

〈小〉

31

18

23

8

〈中〉

55

30

40

15

〈大〉

71

42

52

19

**原寸紙型　P.64　旅行包組　〈唇膏包〉**

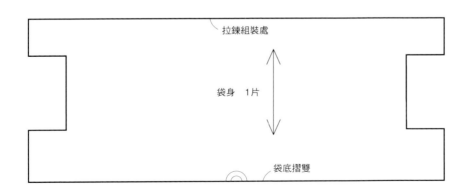

拉鍊組裝處

袋身　1片

袋底摺雙

# Travel Bag

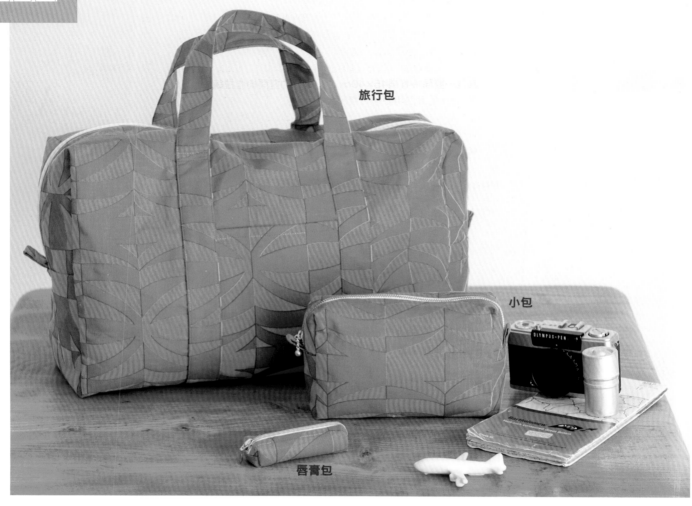

旅行包

小包

唇膏包

無論旅行或日常使用都很方便！

## 旅行包組

本篇介紹旅行包、小包、唇膏包的三件組。
由於箱形的袋身三個包款作法都一樣，只要
會作其中一件就OK了！裁布之前，若能將表
布與裡布以雙面接著襯貼合，即為「布料接
合」技巧，直接作為一片布料處理，會更方
便作業。

Size 〈旅行包〉寬37cm／側身14cm／高25cm
　　　〈小包〉寬17cm／側身5cm／高11cm
　　　〈唇膏包〉寬9cm／側身3cm／高2cm

■作法 P.65

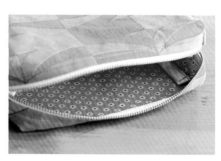

運用接合布料的技法，可
以增加布料的彈力空間，
完成品會更耐用。

因為是放入一條唇膏
的尺寸，也可以作為
印章包使用。

旅行包

唇膏包　小包

**材料**　尺寸請見完成圖（P.68）

〈旅行包〉　布料…〔表袋身〕棉布（印花）100×130cm　〔裡袋身〕棉布（印花）100×130cm
　　　　　　其他…雙面接著襯100×130cm、長64cm的雙開樹脂拉鍊1條
　　　　　　寬0.8cm的滾邊用斜紋布條150cm

〈小包〉　　布料…〔表袋身〕棉布（印花）45×40cm　〔裡袋身〕棉布（印花）45×40cm
　　　　　　其他…雙面接著襯45×40cm、長25cm的雙開樹脂拉鍊1條
　　　　　　寬0.8cm的滾邊用斜紋布條80cm

〈唇膏包〉　布料…〔表袋身〕棉布（印花）15×15cm　〔裡袋身〕棉布（印花）15×15cm
　　　　　　其他…雙面接著襯20×15cm、長10cm的雙開樹脂拉鍊1條
　　　　　　寬0.8cm的滾邊用斜紋布條30cm

**裁布圖**　單位：cm　　　　※將表、裡袋身先以接合布料的技法（請見Point Lesson）處理後，再裁剪各個布片。

〈旅行包〉

（　）內數字為縫份。除了指定處之外，皆為1cm
擋布請直接於布料的背面畫線裁剪。

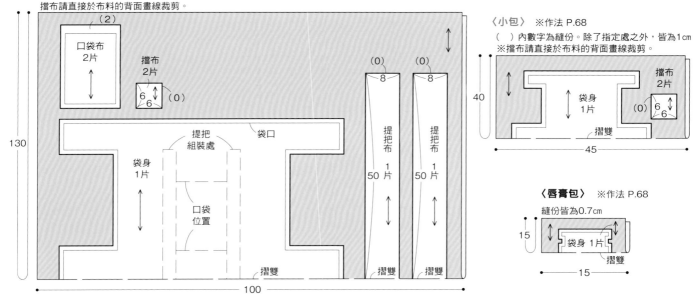

〈小包〉　※作法 P.68

（　）內數字為縫份。除了指定處之外，皆為1cm
※擋布請直接於布料的背面畫線裁剪。

〈唇膏包〉　※作法 P.68

縫份皆為0.7cm

## Point Lesson

### 接合布料的作法

「接合布料」是將表布與裡布以雙面接著襯黏合，使其像一片布料一樣的方法。因此也像雙面布料，兩面皆可使用，讓布料增加更多的彈性空間。用於製作袋物，就不需要另外製作裡袋，可直接完成已經加上裡袋的成品。

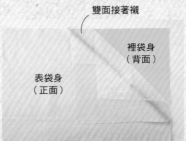

雙面接著襯

裡袋身
（背面）

表袋身
（正面）

**1.** 裁剪布片之前，將表袋身、裡袋身兩片背面相對重疊，中間夾入雙面接著襯，將布邊整理對齊。

**2.** 以中溫的熨斗從上面按壓，一點一點地、不留縫隙地熨燙布料整體。再將裡布朝上，也以相同作法以熨斗熨燙。

**3.** 兩片布料黏合後的樣子，若布料有浮起不平整的地方，可再次以熨斗燙平。

**作法 〈旅行包〉**

## ❶ 車縫擋布

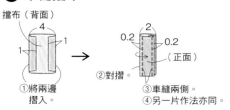

擋布（背面）
4
1　　1
①將兩邊摺入。

0.2　2　0.2
（正面）
②對摺。
③車縫兩側。
④另一片作法亦同。

## ❸ 車縫口袋

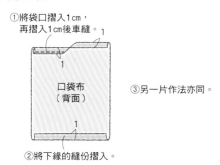

①將袋口摺入1cm，再摺入1cm後車縫。
1
口袋布（背面）
1
②將下緣的縫份摺入。

③另一片作法亦同。

## ❷ 製作提把

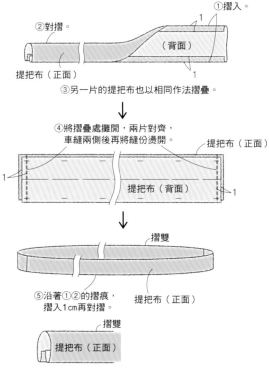

①摺入。
②對摺。
提把布（正面）
（背面）
③另一片的提把布也以相同作法摺疊。

④將摺疊處攤開，兩片對齊，車縫兩側後再將縫份燙開。
提把布（正面）
1
提把布（背面）
1

摺雙
提把布（正面）
⑤沿著①②的摺痕，摺入1cm再對摺。

摺雙
提把布（正面）

## ❹ 組裝口袋及提把

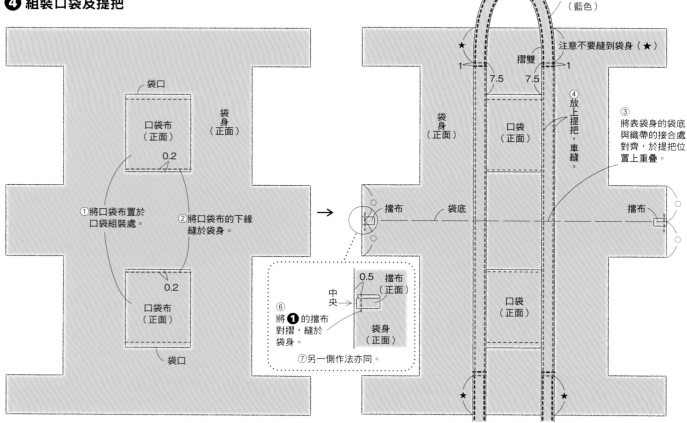

袋口
口袋布（正面）
袋身（正面）
0.2
0.2
口袋布（正面）
袋口

①將口袋布置於口袋組裝處。
②將口袋布的下緣縫於袋身。

⑤避開袋身，僅縫合提把處。（藍色）
★　注意不要縫到袋身（★）
摺雙
1　　1
7.5　7.5
袋身（正面）
口袋（正面）
④放上提把，車縫。
③將表袋身的袋底與織帶的接合處對齊，於提把位置上重疊。
擋布　袋底　擋布
口袋（正面）
★　　★

0.5　擋布（正面）
中央
⑥將❶的擋布對摺，縫於袋身。
袋身（正面）
⑦另一側作法亦同。

*Point Lesson*

## 拉鍊的縫法

拉鍊之於袋物與小包，不可或缺。雖然被認為是難度比較高的技法，但是若搭配「拉鍊壓布腳」使用，就能簡單又漂亮地車縫。圖中為使用單開拉鍊說明。雙開拉鍊也是以相同要領車縫。

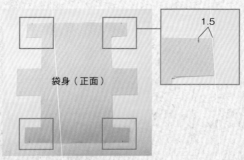

1.5

**1.** 於袋身的拉鍊組裝處四個地方，1.5cm的內側畫上記號。

袋身（正面）

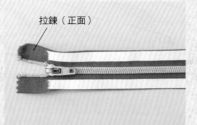

拉鍊（正面）

**2.** 將拉鍊的兩邊貼上寬0.5cm的雙面熱接著膠帶。※圖中為了清楚呈現，使用紅色拉鍊。

袋身（背面）

拉鍊（背面）

**3.** 將拉鍊與袋身正面相對對齊，將拉鍊的兩端金屬片對齊步驟**1**的記號，撕掉雙面熱接著膠帶的背紙，以熨斗熨燙黏合。

**拉鍊壓布腳**
可避開拉鍊車縫。

**4.** 將縫紉機的壓布腳換成拉鍊壓布腳，拉鍊拉開備用。由距離拉鍊邊1cm處開始車縫。從終點處到距離操作者10cm前，再次抬起壓布腳，將拉鍊頭拉上。

**使用這個！**

**雙面熱接著膠帶**
附有背紙的雙面膠帶，能以熨斗熨燙黏合。可運用於取代疏縫。若沒有這項材料，使用布用雙面膠也可以。★

**5.** 降下壓布腳，縫至拉鍊邊。

**6.** 另一側也以相同作法車縫，將拉鍊縫上袋身。

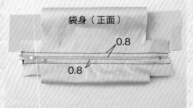

袋身（正面）

0.8

0.8

**7.** 將袋身翻至正面，車縫袋口。

KURAI·MUKI **Point**

### 依喜歡的長度使用樹脂拉鍊

**樹脂拉鍊**
拉鍊齒部分是以線圈狀的樹脂製作而成，可以依喜歡的長度以剪刀裁剪。

可以用剪刀簡單地裁剪。由於是雙開拉鍊，因此也可以剪成兩條拉鍊使用。

使用裁切的樹脂拉鍊時，為了不要讓拉鍊頭脫落，在上面的步驟**7**之前，先車縫拉鍊邊為佳。

作法接續下一頁→

**❻ 車縫底角**

①如圖所示摺疊袋身。

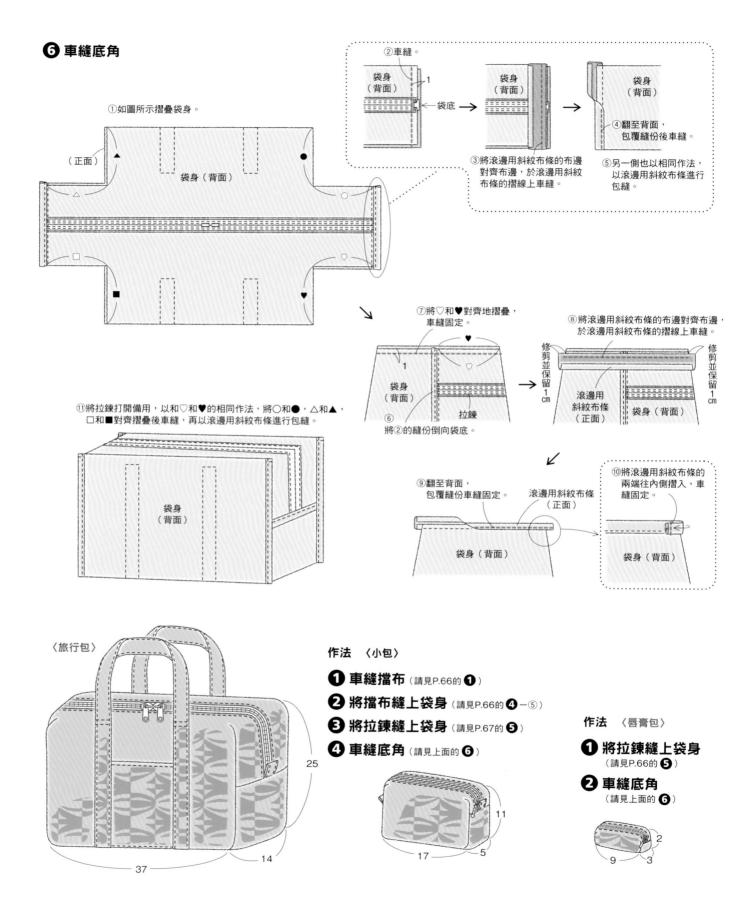

②車縫。

袋身（背面） 1

袋身（背面）

→ 袋底

袋身（背面）

③將滾邊用斜紋布條的布邊對齊布邊，於滾邊用斜紋布條的摺線上車縫。

④翻至背面，包覆縫份後車縫。

⑤另一側也以相同作法，以滾邊用斜紋布條進行包縫。

⑦將♡和♥對齊地摺疊，車縫固定。

♥
1
袋身（背面）

⑥ 將②的縫份倒向袋底。

拉鍊

⑧將滾邊用斜紋布條的布邊對齊布邊，於滾邊用斜紋布條的摺線上車縫。

修剪並保留1cm

滾邊用斜紋布條（正面）

袋身（背面）

修剪並保留1cm

⑪將拉鍊打開備用，以和♡和♥的相同作法，將○和●，△和▲，□和■對齊摺疊後車縫，再以滾邊用斜紋布條進行包縫。

袋身（背面）

⑨翻至背面，包覆縫份車縫固定。

滾邊用斜紋布條（正面）

袋身（背面）

⑩將滾邊用斜紋布條的兩端往內側摺入，車縫固定。

袋身（背面）

〈旅行包〉

25

37    14

**作法　〈小包〉**

❶ **車縫擋布**（請見P.66的❶）

❷ **將擋布縫上袋身**（請見P.66的❹－⑤）

❸ **將拉鍊縫上袋身**（請見P.67的❺）

❹ **車縫底角**（請見上面的❻）

17    5

11

**作法　〈唇膏包〉**

❶ **將拉鍊縫上袋身**（請見P.66的❺）

❷ **車縫底角**（請見上面的❻）

2
9    3

可以當成袋中袋使用的
## 手拿包

極具人氣的手拿款包包，本書收錄三款尺寸。大款可以放錢包或小物件，也可以於派對使用。中款則是可以收納存摺或支票的尺寸，小款適合名片或卡片。由於形狀簡單，特別建議選用大膽一點的布料製作，不妨將主要的花樣配置在中央吧！

Size 〈小〉寬11cm／長7cm
　　　〈中〉寬23cm／長13cm
　　　〈大〉寬33cm／長21cm

■作法 **P.70**

方便&好用的
## 束口袋

袋口的束口處使用另一種布料，可以襯托出袋身的花樣。若使用兩種布料，由於需要的用布量很少，不妨試著組合剩餘的零碼布料吧！

Size 寬18cm／長22cm

■作法 **P.71**

小
中
大

材料　尺寸請見完成圖

〈大〉布料…〔表袋身〕棉布（刺繡圖案）40×90cm　〔裡袋身〕棉布（素色）40×50cm
　　　其他…布襯40×90cm

〈中〉布料…〔表袋身〕棉布（刺繡圖案）30×50cm　〔裡袋身〕棉布（素色）30×30cm
　　　其他…布襯30×50cm

〈小〉布料…〔表袋身〕棉布（刺繡圖案）20×35cm　〔裡袋身〕棉布（素色）20×20cm
　　　其他…布襯20×35cm

**裁布圖**　單位：cm
縫份皆為1cm

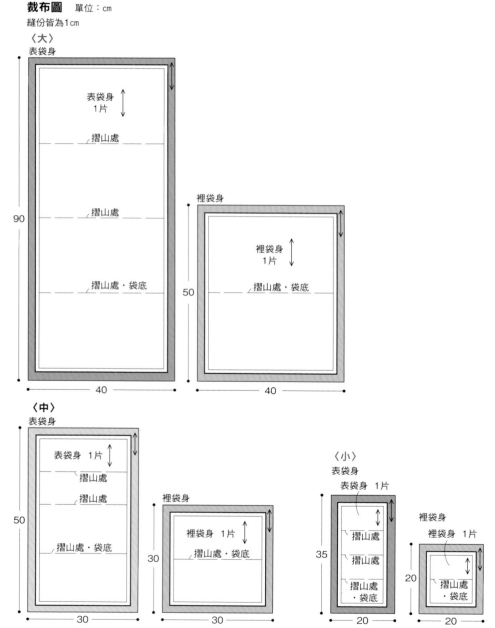

〈大〉
表袋身

表袋身
1片

摺山處

摺山處

摺山處・袋底

90

40

裡袋身

裡袋身
1片

摺山處・袋底

50

40

〈中〉
表袋身

表袋身　1片

摺山處

摺山處

摺山處・袋底

50

30

裡袋身

裡袋身　1片

摺山處・袋底

30

30

〈小〉
表袋身

表袋身　1片

摺山處

摺山處

摺山處
・袋底

35

20

裡袋身

裡袋身　1片

摺山處
・袋底

20

20

**作法**　〈大〉〈中〉〈小〉共用

**❶ 表袋身熨燙布襯**

於表袋身的背面熨燙布襯
（縫份處不需要熨燙布襯）

布襯

表袋身（背面）

**❷ 將表袋身及裡袋身對齊後車縫即完成**

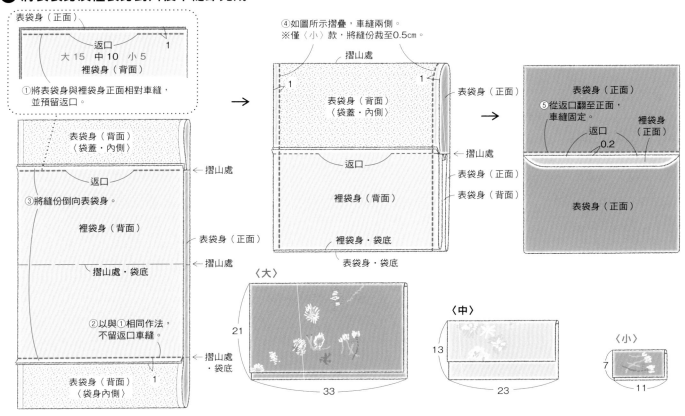

表袋身（正面）
返口
大 15 中 10 小 5
1
裡袋身（背面）

①將表袋身與裡袋身正面相對車縫，
　並預留返口。

表袋身（背面）
〈袋蓋・內側〉

返口 ← 摺山處

③將縫份倒向表袋身。

裡袋身（背面）

表袋身（正面）

摺山處・袋底 ← 摺山處

②以與①相同作法，
　不留返口車縫。

← 摺山處
・袋底

表袋身（背面）
〈袋身內側〉 1

④如圖所示摺疊，車縫兩側。
※僅〈小〉款，將縫份裁至0.5cm。

摺山處
1　1
表袋身（背面）
〈袋蓋・內側〉

表袋身（正面）

← 摺山處
返口 表袋身（正面）

裡袋身（背面） 表袋身（背面）

裡袋身・袋底
表袋身・袋底

表袋身（正面）

⑤從返口翻至正面，
　車縫固定。

返口 裡袋身（正面）
0.2

表袋身（正面）

表袋身（正面）

〈大〉
21
33

〈中〉
13
23

〈小〉
7
11

---

**束口袋** *Kinchaku Pouch*

圖 P.69　原寸紙型 P.72

**材料**　尺寸請見成品圖（P.72）

布料…〔表袋身〕棉布（刺繡圖案）25×45cm　〔裡袋身〕棉布（素色）25×40cm
　　　〔口布〕棉布（素色）25×35cm
其他…直徑0.3cm的棉繩100cm、孔直徑0.8cm的棉繩固定圈2個

**裁布圖**　單位：cm
縫份皆為1cm

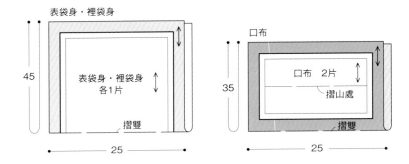

表袋身・裡袋身

45
表袋身・裡袋身
各1片
摺雙
25

口布

35
口布　2片
摺山處
摺雙
25

作法 **①** 將表袋身及裡袋身分別車縫

預留2.5cm　預留2.5cm
不車縫　　　不車縫
1
表袋身（背面）
①車縫兩側。
摺雙

1
裡袋身（背面）
1
返口9cm
②預留返口
不縫，
車縫兩側。
3
摺雙

**②** 車縫口布

摺山處
1
口布（背面）
1
①車縫兩側。

↓

摺山處
口布（正面）

②翻至正面。
③另一片作法相同。

原寸紙型

**❸** 縫上口布

②另一側也以相同作法，
夾入口布後車縫。

裡袋身（背面）
口布（正面）
1
口布摺山處
①
將表袋身與
裡袋身正面
相對重疊，
於中間夾入
摺山處朝下擺的
口布後，
車縫固定。
表袋身（背面）

束口袋
表袋身
裡袋身 各1片

束口袋
口布 2片
摺山處 摺雙

**❹** 穿入棉繩即完成

①從返口翻至正面，將返口以藏針縫縫合。（請見P.21）

②翻至表袋，車縫穿繩處。

④從左右的開口
各穿入一條，
共穿入兩條棉繩。

0.2
棉繩
長
50
cm
22
1.5
袋身（正面）
18

③穿入棉繩。
棉繩長50cm

⑤將棉繩穿入棉繩
固定圈後打結。

棉繩
固定圈
打結

袋底摺雙

# Gamaguchi

小包

化妝包

從經典款升級的

## 附底口金包

深受歡迎的口金包，依口金的形狀及袋身的
紙型可以創作出各式各樣的口金包。在此，
則是介紹加上側身形成立體形狀的款式。因
為口金的安裝方法是新的技巧，請務必動手
試試看。依手邊現有的口金製作紙型的方法
也有介紹。

Size 〈小包〉寬20.5cm／側6cm／高18cm
　　　〈化妝包〉寬15cm／側7cm／高6cm
　　　〈筆袋〉寬15cm／側約5cm／高5cm
　　　〈印章包〉寬8cm／側2cm／高4cm

■作法 小包P.74
　　　 化妝包P.76
　　　 筆袋・印章包P.77

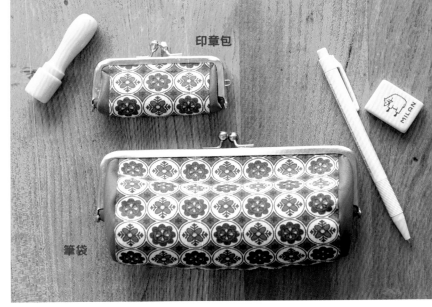

印章包

筆袋

為了打開口金的時候，能夠
變換視覺印象，因此，選擇
布料也變得很有趣喔！

73

## 口金包　小包　**Gamaguchi**

圖 **P.73**　原寸紙型 **B**面

### 材料　尺寸請見完成圖

〔表袋身〕棉布（印花）65×45cm　　〔裡袋身〕棉布（水玉）65×45cm

其他…厚0.1cm的含膠樹脂襯30×40cm

口金（圓形）18×8cm

**裁布圖**　單位：cm

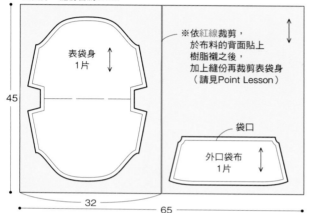

表袋身　縫份皆為0.7cm

※依紅線裁剪，
於布料的背面貼上
樹脂襯之後，
加上縫份再裁剪表袋身
（請見Point Lesson）

表袋身
1片

45

32

65

袋口

外口袋布
1片

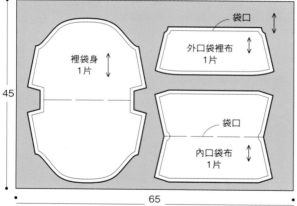

裡袋身　縫份皆為0.7cm

裡袋身
1片

45

65

袋口

外口袋裡布
1片

袋口

內口袋布
1片

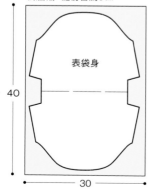

樹脂襯　縫份皆為0cm

表袋身

40

30

### *Point Lesson*

## 樹脂襯的貼法

樹脂襯不需要加上縫份，請直接裁剪，先貼上大概裁剪的表袋身，在於四周加上縫份裁剪，作業會更方便。

**1.** 樹脂襯不需要加上縫份，裁剪出袋身的尺寸。

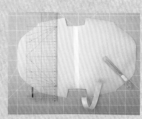

**2.** 注意不要裁切到樹脂襯，以美工刀裁切樹脂襯中央的背紙，再撕下背紙。

表袋身（背面）

**3.** 將撕掉背紙的部分貼上表袋身的中央，撕掉其中一側的背紙。注意貼合時不要讓布料起皺。

**4.** 另一側的背紙也以相同作法撕除。

**5.** 在樹脂襯的四周加上裁布圖指定的縫份，再裁剪表袋身。

### 作法

### ❶ 製作外口袋

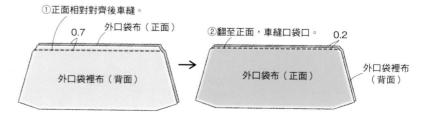

①正面相對對齊後車縫。

0.7

外口袋布（正面）

外口袋裡布（背面）

②翻至正面，車縫口袋口。

0.2

外口袋布（正面）

外口袋裡布
（背面）

**❷ 製作內口袋**

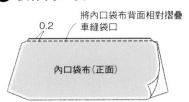

0.2

將內口袋布背面相對摺疊車縫袋口

內口袋布（正面）

**❸ 將外口袋縫上表袋身，內口袋縫上裡袋身**

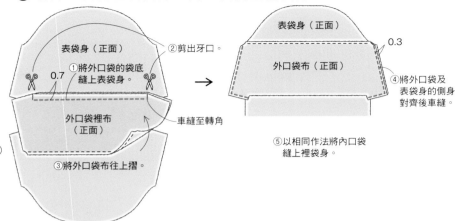

表袋身（正面）

①將外口袋的袋底縫上表袋身。

②剪出牙口。

0.7

外口袋裡布（正面）

車縫至轉角

③將外口袋布往上摺。

表袋身（正面）

0.3

外口袋布（正面）

④將外口袋及表袋身的側身對齊後車縫。

⑤以相同作法將內口袋縫上裡袋身。

**❹ 車縫側身及底角**

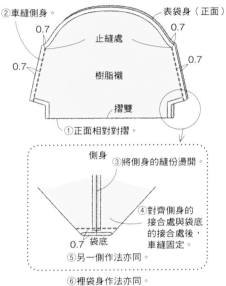

②車縫側身。

表袋身（正面）

0.7　0.7

止縫處

0.7

樹脂襯

0.7

摺雙

①正面相對對摺。

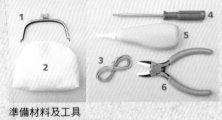

側身

③將側身的縫份燙開。

④對齊側身的接合處與袋底的接合處後，車縫固定。

0.7　袋底

⑤另一側作法亦同。

⑥裡袋身作法亦同。

**❺ 將表袋及裡袋對齊並車縫**

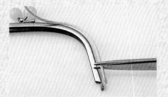

0.7

裡袋（背面）

返口 10cm

樹脂襯

將裡袋正面相對地放入表袋中，預留返口不縫，車縫袋口

**❻ 組裝口金即完成**

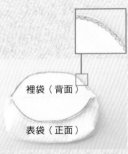

18

7.5

18

6

20.5

口金的組裝方法請見Point Lesson

---

*Point Lesson*

**口金的組裝方法**　一般的作法，是將袋身塞入口金後，再塞入紙繩，但是，我找到塞入紙繩的技巧，讓安裝口金的方法更簡單。請務必試試看！

1　口金
2　表袋與裡袋縫合完成的袋身
3　紙繩
4　一字型螺絲起子
5　工藝用白膠（擠出口的前端細長型比較方便使用）
6　鉗子（圖中為握把加上軟墊的口金用鉗子）

準備材料及工具

**1.** 將紙繩沿著口金，裁成比口金短2cm。裁剪另一條相同長度的紙繩。

裡袋（背面）

表袋（正面）

**2.** 將裡袋袋口的中央對齊紙繩的中央，以Z字形車縫固定。

**3.** 將口金溝槽的內部塗上工藝用白膠。白膠的量大約為口金溝槽深度的一半。

**4.** 將裡袋的袋口中央以粉土筆畫出記號，對齊口金的中央以一字型螺絲起子壓入口金的溝槽。另一側也以相同作法，將袋口壓入口金的溝槽。

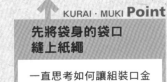

**5.** 口金的邊角以鉗子按壓。口金的前面、後面的兩端，共按壓四個地方。如果使用的是一般的鉗子，先以布墊著，再按壓口金。

**KURAI・MUKI Point**

**先將袋身的袋口縫上紙繩**

一直思考如何讓組裝口金更簡單不容易失敗，因而設計出先將紙繩縫上袋身的方法。這麼作，布料便不會歪扭，完成品也會變得更加漂亮。

**材料** 尺寸請見完成圖

布料…〔表袋身〕棉布（印花）35×35㎝ 〔裡袋身〕棉布（格紋）35×35㎝
其他…厚0.1㎝的含膠樹脂襯（▲壓縮樹脂襯1.0）30×30㎝、
口金（方形）15×7㎝

**裁布圖** 單位：㎝

表袋身・裡袋身的縫份皆為0.7㎝
※依紅線裁剪之後，於布料的背面貼上樹脂襯，
　加上縫份後再裁剪。
（請見P.74的Point Lesson）

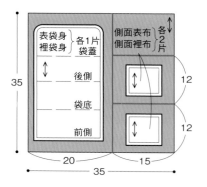

樹脂襯 縫份皆為0cm

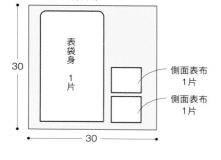

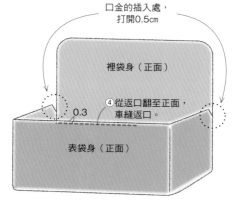

口金的插入處，
打開0.5㎝

裡袋身（正面）

④從返口翻至正面，
車縫返口。

0.3

表袋身（正面）

**作法** ❶ **製作袋身**

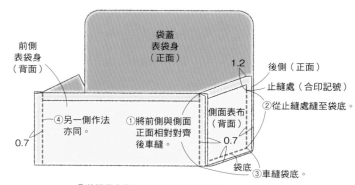

袋蓋
表袋身
（正面）

前側
表袋身
（背面）

1.2

後側（正面）

止縫處（合印記號）

②從止縫處縫至袋底。

④另一側作法
亦同。

0.7

①將前側與側面
正面相對對齊
後車縫。

側面表布
（背面）

0.7

袋底

③車縫袋底。

⑤將裡袋身與側面也以相同作法車縫。

❷ **將表袋及裡袋對齊後，車縫袋口**

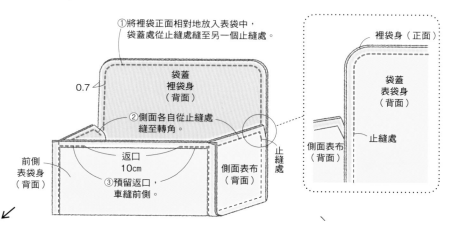

①將裡袋正面相對地放入表袋中，
袋蓋處從止縫處縫至另一個止縫處。

0.7

袋蓋
裡袋身
（背面）

②側面各自從止縫處
縫至轉角。

前側
表袋身
（背面）

返口
10㎝

③預留返口，
車縫前側。

側面表布
（背面）

止縫處

裡袋身（正面）

袋蓋
表袋身
（背面）

止縫處

側面表布
（背面）

❸ **組裝口金即完成**

口金的組裝方法
請見P.75的Point Lesson

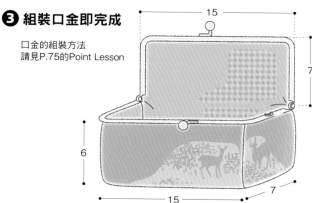

15

7

6

15

7

**材料**　尺寸請見完成圖

〈大〉布料…〔表袋身〕棉布（印花）20.5×25cm　〔表側身〕尼龍布（中厚）（素色）15×25cm〔裡袋身〕
棉布（素色）35×25cm
其他…厚0.1cm的含膠樹脂襯（▲壓縮樹脂襯1.0）30×20cm、口金（方形）17×5cm

〈小〉布料…〔表袋身〕棉布（印花）12.5×13cm〔表側身〕尼龍布（中厚）（素色）14×18cm〔裡袋身〕
棉布（素色）21×13cm
其他…厚0.1cm的含膠樹脂襯（▲壓縮樹脂襯1.0）20×10cm、口金（方形）9×3cm

**裁布圖**
單位：cm

※依紅線裁剪之後，
於表側身與表袋身的背面貼上樹脂襯，
加上縫份後再裁剪。
（請見P.74的Point Lesson）

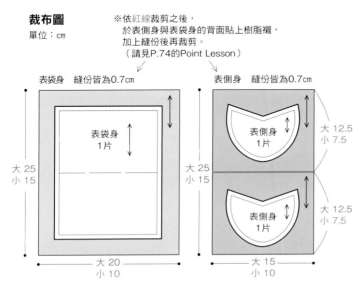

表袋身　縫份皆為0.7cm

表袋身
1片

大 25
小 15

大 20
小 10

表側身　縫份皆為0.7cm

表側身
1片

表側身
1片

大 25
小 15

大 12.5
小 7.5

大 12.5
小 7.5

大 15
小 10

裡袋身　縫份皆為0.7cm

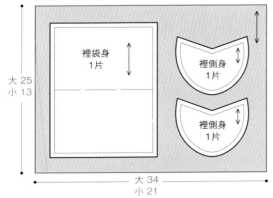

裡袋身
1片

裡側身
1片

裡側身
1片

大 25
小 13

大 34
小 21

樹脂襯　縫份皆為0cm

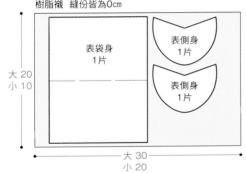

表袋身
1片

表側身
1片

表側身
1片

大 20
小 10

大 30
小 20

**作法**　〈大〉〈小〉共用

## ❶ 組裝側身及袋身

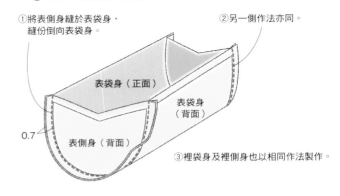

①將表側身縫於表袋身，
縫份倒向表袋身。

②另一側作法亦同。

表袋身（正面）

表袋身
（背面）

0.7

表側身（背面）

③裡袋身及裡側身也以相同作法製作。

## ❷ 對齊表袋及裡袋後車縫袋口

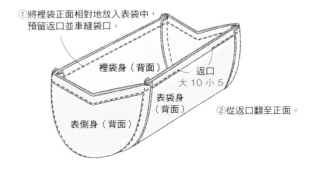

①將裡袋正面相對地放入表袋中，
預留返口並車縫袋口。

裡袋身（背面）

返口
大 10 小 5

表袋身
（背面）

表側身（背面）

②從返口翻至正面。

## ❸ 組裝口金即完成　口金的組裝方法請見P.75的Point Lesson

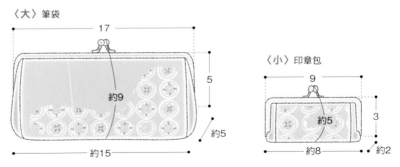

〈大〉筆袋

17

5

約9

約15

約5

〈小〉印章包

9

3

約5

約8

約2

## 依口金製作紙型的方法

依口金的尺寸及形狀會有不同袋身的紙型，若能夠掌握依據口金製作紙型的方法，將會很方便。在此介紹P.73附底口金包的紙型製作方法。

### 小包

使用圓形的口金。
有底的口金包。

**1.** 在紙上畫出兩條垂直相交的線條。將垂直線條的交點對齊打開口金的中央，描出口金的四周。

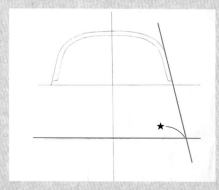

**2.** 於口金的其中一邊延伸似地畫出一條直線（紅線）。決定袋底位置之後，畫出直線（藍線）。於紅線、藍線的交點以★標示。

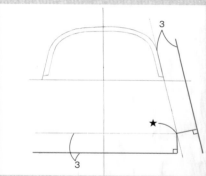

**3.** 於步驟**2**袋底與側身的線條往外畫出線條（紅線），成為側身寬度（在此為3cm）。從★到側身寬度的線條，畫出兩條垂直線條（藍線）。

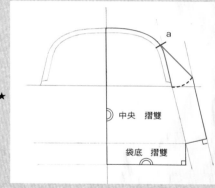

**4.** 於口金的圓弧頂點畫出印號（a），以捲尺測量從a到口金邊角（藍線）的長度。依步驟**3**畫好的側身寬度的直線，畫出同尺寸的直線（紅線）。完成具有中央及袋底「摺雙」的紙型。

中央　摺雙

袋底　摺雙

### 化妝包

使用方形的口金。
盒型的口金包。

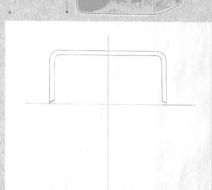

**1.** 與小包的步驟**1**相同作法，畫出垂直線，描出口金的四周。

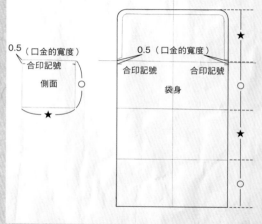

0.5（口金的寬度）
合印記號
側面

0.5（口金的寬度）
合印記號　　合印記號
袋身

**2.** 將口金側身的線條往下延伸，如圖所示依口金的高度（★）和化妝包的高度（○）畫出紙型。側面的紙型，寬取★，長取○的尺寸，如圖位置，畫出合印記號。

## 筆袋

使用方形的口金，側身拼接了不同布料的口金包，並使用「曲線尺」畫出圓弧線。

### 曲線尺

可以依圓弧彎曲，測量曲線之後，畫出曲線的尺。

**1.** 與P.78的小包步驟**1**相同作法，畫出垂直線條後，描出口金的四周。沿著口金的側身直線延伸，畫出直線。

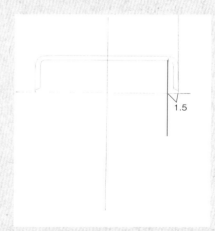

**2.** 從口金的側身往內側1.5cm處畫出線條。

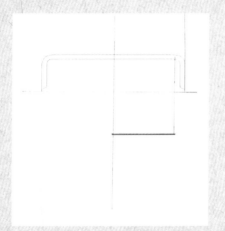

**3.** 決定袋底的位置後，畫出直線。

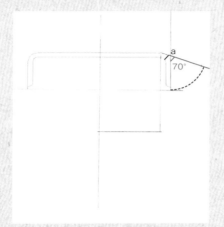

**4.** 在口金的圓弧頂點畫出印號（a）。於步驟**1**的口金側邊直線畫出相交70度的直線。

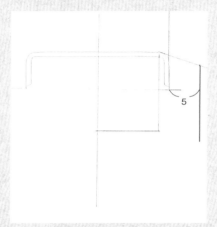

**5.** 依步驟**2**畫好的線條，畫出相對平行的側身寬度（在此為5cm）直線。

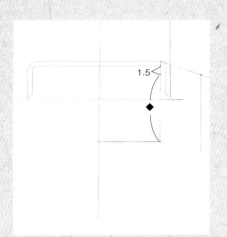

**6.** 在步驟**2**畫好的線條，從口金上部往下1.5cm處畫出記號，測量從記號至底的長度（◆）。

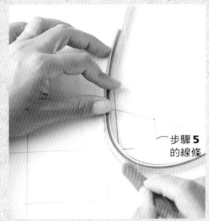

步驟**5**的線條

**7.** 從步驟**6**的記號位置朝向步驟**5**的線條，以曲線尺畫出和◆相同長度的圓弧線條。

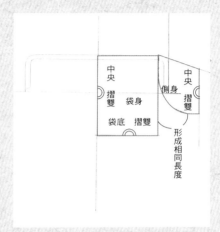

**8.** 完成袋身中央和底具有「摺雙」的紙型，側身中央具有「摺雙」的紙型。

# Baneguchi Pouch

# PET Bottle Holder

運用手帕製作而成的
## 寶 特 瓶 袋

活用市售的手帕製作而成的寶特瓶袋。裡側的毛巾布料可以吸取寶特瓶上的水滴，清洗也很容易。25×25cm的手帕剛好適合500ml的寶特瓶尺寸。請務必以手邊的手帕試作看看喲！

Size 寬12.5cm／長12.5cm

■作法 **P.82**

加上提把的
## 彈 簧 口 金 包

常常在包包裡找不到智慧型手機或交通卡嗎？放入小包，將吊環別上包包提就很方便囉！使用取放容易的彈簧口金是製作重點。由於只需要將袋口的布料包縫，作法也很簡單。

Size 寬9cm／側身25cm／高17cm

■作法 **P.81**

寶特瓶袋也可以當成摺疊傘收納袋使用。

材料　尺寸請見完成圖

布料…〔表袋身〕聚酯纖維布（印花）40×25cm　〔裡袋身〕棉布（素色）50×25cm

其他…長12cm的彈簧口金（寬1cm長18cm的皮革提把、附有1cm用的D型環）1個

**裁布圖**　單位：cm

（　）內數字為縫份。

除了指定處之外，皆為1cm

※吊耳布請直接於布料的背面畫線裁剪。

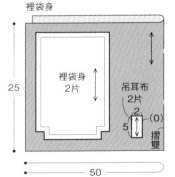

表袋身

25

表袋身
2片

40　摺雙

裡袋身

25

裡袋身
2片

吊耳布
2片
2　(0)
5　摺雙

50

### ❶ 車縫表袋及裡袋

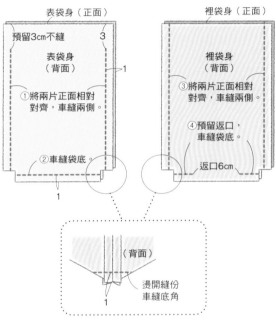

表袋身（正面）

預留3cm不縫　　3

表袋身
（背面）　　　　1

①將兩片正面相對
對齊，車縫兩側。

②車縫袋底

1

裡袋身（正面）

裡袋身
（背面）

③將兩片正面相對
對齊，車縫兩側。

④預留返口，
車縫袋底。

返口6cm

（背面）

燙開縫份
車縫底角

1

### ❷ 穿過D型環後車縫
### 　縫上裡袋

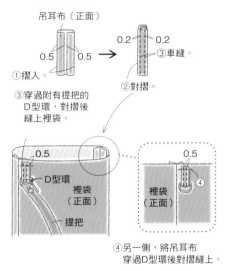

吊耳布（正面）

0.5　0.5

①摺入。

0.2　0.2

③車縫。

②對摺。

③穿過附有提把的
D型環，對摺後
縫上裡袋。

0.5

D型環

裡袋
（正面）

提把

0.5

④

裡袋
（正面）

④另一側，將吊耳布
穿過D型環後對摺縫上。

### ❸ 將表袋及裡袋
### 　對齊後車縫

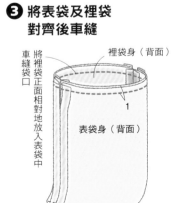

裡袋身（背面）

1

表袋身（背面）

將裡袋正面相對地放入表袋中

車縫袋口

### ❹ 穿入彈簧口金即完成

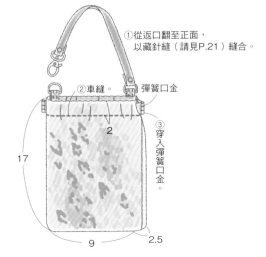

①從返口翻至正面，
以藏針縫（請見P.21）縫合。

②車縫。

彈簧口金

2

17

9　　2.5

③穿入彈簧口金。

材料　尺寸請見成品圖
布料…〔表袋身〕尼龍布（印花）（毛巾的1邊長＋2）×（毛巾的1邊長＋2）cm〔裡袋身〕毛巾25×25cm

**裁布圖**　單位：cm
縫份皆為1cm

**作法**

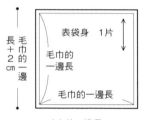

長 ＋ 2 cm 毛巾的一邊

　表袋身　1片

毛巾的一邊長

毛巾的一邊長

← 毛巾的一邊長＋2cm →

❶ **將表袋身的縫份摺入**

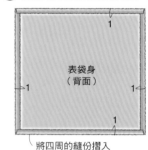

1

1　　表袋身
　　（背面）　1

1

將四周的縫份摺入

❷ **將表袋身及毛巾對齊後車縫即完成**

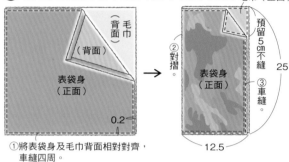

毛巾（正面）

毛巾（背面）

表袋身（正面）

0.2

毛巾（正面）

②對摺。

表袋身（正面）

預留5cm不縫

25

③車縫

12.5

①將表袋身及毛巾背面相對對齊，車縫四周。

---

## 縫紉基礎用語

・**合印記號**
為了確實對齊車縫，於布料上標示的記號。一邊對齊這個記號一邊車縫。

・**開口止縫處**
不縫合的開口位置。

・**裡袋**
在包包表袋的內側放入的另一個袋體。

・**樹脂襯**
樹脂製作而成的襯。比起布襯具有厚度，在本書使用厚0.1cm有膠型（P.73）。

・**表袋**
包包表側的袋體。特別是有裡袋設計的時候，以此稱呼區別。

・**返口**
從背面縫合的袋身，為了翻至正面留下不縫的部分。

・**鋪棉**
化學纖維棉坐墊狀的東西。為了使作品蓬蓬的、具有厚度，使用於布料與布料之間。有膠鋪棉，附有膠，可以熨斗熨燙黏合。

・**布襯**
將布料作出挺度時，貼上的襯。利用熨斗的熱度貼上布料。單面附膠為一般的款式。具有薄、中厚、厚的款式，在本書則使用中厚布襯。

・**背面相對對齊**
將兩片布料，將正面朝外地對齊。

・**完成線**
以縫紉機車縫布料的線條。以此線作為完成尺寸的基準。

・**正面相對對齊**
將兩片布料，正面朝內地對齊。

・**縫份線**
裁剪布料的線條。包含指定縫份的完成線。

・**縫份倒向**
車縫之後，將縫份從接合處往指定的方向摺。

・**燙開縫份**
縫合之後，將縫份從接合處以熨斗往兩側燙開。

・**布邊**
布料直向的兩邊部分。布邊不容易脫線。

・**布紋**
沿著布料直線的織紋方向。

・**布紋方向**
紙型上畫出的箭頭符號。沿著布紋（布料的直線）對齊此箭頭符號再裁剪。

・**牙口**
每一個記號，在縫份寬度一半左右剪出缺口。

・**滾邊用斜紋布條**

正斜裁剪的帶狀布料市售品。在本書使用可以對摺再對摺的「邊條式」。另有「對摺式」。

・**斜紋布**
依布紋斜斜地裁剪的布料。一般來說，以斜45度「正斜」裁剪。

・**接合布料bonding**
將表布和裡布以雙面接著襯黏合。製作成1片雙面用的布料。

・**魔鬼氈**
具有黏性，可以反覆使用的織帶。

・**側身**
形成包包厚度的側面部分。

・**摺入再摺入後車縫**
將縫份摺兩次，將布邊往內側車縫。以熨斗燙出3條摺線，會更方便車縫。

・**摺雙**
將布料對摺時的摺痕。

Fun手作 109

# KURAI・MUKIの
# 手作包超級基本功 2（暢銷版）
### 45個紙型全收錄！縫紉新手不NGの布包製作攻略

作　　　　者／KURAI・MUKI
譯　　　　者／簡子傑
發　行　　人／詹慶和
執　行　編　輯／黃璟安
編　　　　輯／蔡毓玲・劉蕙寧・陳姿伶・陳昕儀
執　行　美　編／韓欣恬
美　術　編　輯／陳麗娜・周盈汝
內　頁　排　版／造極
出　版　　者／雅書堂文化事業有限公司
發　行　　者／雅書堂文化事業有限公司
郵政劃撥帳號／18225950
郵政劃撥戶名／雅書堂文化事業有限公司
地　　　　址／220新北市板橋區板新路206號3樓
電　　　　話／(02)8952-4078
傳　　　　真／(02)8952-4084
網　　　　址／www.elegantbooks.com.tw
電　子　郵　件／elegant.books@msa.hinet.net

經銷／易可數位行銷股份有限公司
進退貨地址／新北市新店區寶橋路235巷6弄3號5樓
電話／(02)8911-0825　傳真／(02)8911-0801

KURAI MUKI BAG ZUKURI NO CHOKIHON PLUS
© MUKI KURAI 2015
Originally published in Japan by Shufunotomo Co., Ltd.
Translation rights arranged with Shufunotomo Co., Ltd.
through Keio Cultural Enterprise Co., Ltd.

2020年6月二版一刷　定價 380 元

國家圖書館出版品預行編目(CIP)資料

KURAI・MUKIの手作包超級基本功2：45個紙型全收
錄！縫紉新手不NGの布包製作攻略 / Kurai・Muki作；
簡子傑譯.
-- 二版. -- 新北市：雅書堂文化, 2020.06
　面；　公分. -- (FUN手作；109)
ISBN 978-986-302-539-9(平裝)

1.手提袋 2.手工藝

426.7　　　　　　　　　　　　　109004380

### 設計・製作・指導

本名為倉井美由紀。出生於岩手縣花卷市。畢業於女子美術大學短期大學部。提倡任何人都可以簡單完成的縫紉法，因而設計出「簡易縫製模式」。同時也在「KURAI・MUKI Atelier」及手工藝店開辦縫紉教室。經常出現於雜誌、電視、講座等活動，縫紉著作超過100本以上。著有《開心玩機縫！手作包超級基本功》（雅書堂文化出版）、《車縫的超基本》、《第一次縫烹飪服和圍裙》等。

### STAFF

作品製作協助／田原千惠子　大坂香苗　倉井美世波
　　　　　　　中井菜穗子　大谷奈津世
紙　型　製　作／KURAI・MUKI株式會社
裝禎・內文設計／周　玉慧
攝　　　　影／鈴木江實子
造　型　設　計／伊藤みき（tricko）
作　法　圖　協　助／吉本由美子　田中利佳　岡本由紀
電　子　蕾　絲／しかのるーむ
校　　　　對／こめだ恭子
企　劃・編　輯／岡田範子
編　輯　審　閱／森信千夏（主婦の友社）

### 攝影協助

UTUWA
東京都涉谷區千馱 谷3-50-11 明星大樓1F
AWABEES
東京都涉谷區千馱 谷3-50-11 明星大樓5F